Crashkurs Networking

In 7 Schritten zu starken Netzwerken

Martina Haas

C.H.BECK

So nutzen Sie dieses Buch

Die folgenden Elemente erleichtern Ihnen die Orientierung im Buch:

Beispiele

In diesem Buch finden Sie zahlreiche Beispiele, die die geschilderten Sachverhalte veranschaulichen.

Definitionen

Hier werden Begriffe kurz und prägnant erläutert.

> **!** Die Merkkästen enthalten Empfehlungen und hilfreiche Tipps.

Auf den Punkt gebracht

Am Ende jedes Kapitels finden Sie eine kurze Zusammenfassung des behandelten Themas.

Inhalt

Vorwort

Networking hat seit Veröffentlichung meines Buches „Networking für Fortgeschrittene" vor immerhin sieben Jahren, nicht an Aktualität verloren. Die rasante Entwicklung der Social Media befeuert das Thema. Wir sammeln Kontakte bei xing, „adden" Friends bei Facebook, folgen anderen bei twitter. Bloße Sammelleidenschaft im Web bringt jedoch genauso wenig wie die Visitenkartensammlung im sog. „Real Life". Beim erfolgreichen Netzwerken geht es weder um eine Vielzahl loser Kontakte noch um das Benutzen anderer. Es geht um sinnvolles Miteinander, um Kooperationen, um gemeinsamen Benefit.

Martina Haas ist ein Networking-Profi. Als Expertin kennt sie die grundlegenden Mechanismen, Erfolgsfaktoren und Stolpersteine und verfügt selbst über ein exzellentes Netzwerk. Sie netzwerkt leidenschaftlich über Landesgrenzen hinweg, bringt permanent Menschen sinnvoll zusammen und kennt keine Scheu vor hochrangigen Persönlichkeiten.

Wer die praxiserprobten Empfehlungen des *Crashkurs Networking* beherzigt, wird sehr von ihrem Wissen und Einfühlungsvermögen profitieren. Dabei macht der charmante, mit Storytelling gewürzte Schreibstil das Lesen zum Vergnügen und Lust auf die Umsetzung.

Gutes Gelingen wünscht

Hermann Scherer

Speaker & Business Expert
www.hermannscherer.com

Einführung

Herzlich willkommen! Es war eine kluge Entscheidung, dass Sie sich vom Cover zum Inhalt locken ließen, denn Ihre Neugier wird belohnt! Zum Dank erhalten Sie von mir eine Erfolgsgarantie für diesen Crashkurs:

Sie finden hier nicht nur jede Menge Anregungen. Ich gebe Ihnen vielmehr einen alltagstauglichen Werkzeugkasten an die Hand, mit dem es sich gut arbeiten lässt. Wem der poetischere Gedanke an einen bunten Strauß von Ideen besser gefällt, mag sich aus diesem bedienen. Sie merken schon: Es geht darum, dass Sie mit meiner Hilfe genau den Weg finden, der zu Ihnen passt. So wird selbst Networking-Muffeln oder gar -verweigerern die Chance eröffnet, mit Freude zu netzwerken. Wer die Nase rümpft, möge trotzdem weiterlesen.

Versprochen: Sie können sämtliche Ideen und Anregungen problemlos in den Berufsalltag integrieren. Die Zeit, die Sie dafür brauchen, sparen Sie an anderer Stelle durch kurze Wege ein: Sie kommen direkt an die richtigen Gesprächspartner heran, da sie zu Ihrem Netzwerk gehören. Den kleinen Dienstweg beschreiten zu können, ist ein unschätzbarer Vorteil, wenn Sie schnell eine Auskunft oder eine Empfehlung brauchen.

Gerne plaudere ich für Sie aus dem gut gefüllten „Nähkästchen" einer Profi-Netzwerkerin, die die Teppich-Etagen und Führungsebenen großer Unternehmen ebenso gut kennt wie die Welt von Mitarbeitern, Freiberuflern und Selbstständigen.

Ein besonderes Highlight sind die Erkenntnisse von Prominenten aus Wirtschaft und Gesellschaft – Zitate aus dem „Best of" aus Dutzenden von mir seit 2005 geführten, spannenden Interviews. Stets wurde deutlich: Networking ist keine Arbeitstechnik, sondern eine Geisteshaltung und Lebenseinstellung.

Netzwerke, Networking, Kontakte, Beziehungen, „Vitamin B" und – deutlich negativ konnotiert: Seilschaften, Klüngel, schwäbisch: Vetterleswirtschaft – viele Begriffe für ein Erfolgsprinzip, das sich einfach umschreiben lässt: Gemeinsam kommen wir schneller und besser voran, denn „wer allein arbeitet, addiert, wer zusammenarbeitet, multipliziert" (arabisches Sprichwort). Genau darum geht es in diesem Crashkurs – er ist gewiss keine Anleitung, andere auszunutzen. Das haben Sie auch gar nicht nötig.

Wir haben tagtäglich unendlich viele Optionen, uns zu vernetzen – im Jetzt und Hier „analog" und online im Web. Da wir nur eine bestimmte Menge an Zeit zur Verfügung haben, gilt es, diese klug zu nutzen. Das betrifft nicht nur die Aktivitäten in den Social Media, die leicht zum Zeitfresser avancieren.

Ob „analog" oder online: Es gibt grundlegende Networking-Prinzipien und Mechanismen, die auf jedem Parkett und jeder Spielwiese gelten. Man sollte sie kennen und beachten, wenn man sich sinnvoll vernetzen will. Viele Fettnäpfe lassen sich dann umgehen.

Wir alle sind mehr oder weniger gut vernetzt. Und wir alle könnten es besser machen – auch ich. Mein „Sündenbabel" ist der Umgang mit Visitenkarten, obwohl ich genau weiß, wie es geht. Sie kennen das bestimmt auch:

Die vergessenen Visitenkarten

In einer Aktenmappe, einem Sakko, einer selten benutzten Handtasche finden Sie drei Visitenkarten und können nichts, aber auch rein gar nichts mit den Personen und den zugehörigen Firmen anfangen. Es dämmert Ihnen nicht einmal, wo Sie die Visitenkarten erhalten haben. Schade, denn irgendetwas hat uns an diesen Menschen interessiert, sonst hätten wir die Kärtchen gleich entsorgt.

Dies ist ein ebenso klarer wie vermeidbarer Fall von Verschwendung von Zeit und Energie: Hätte ich sie doch gleich nach dem Empfang beschriftet! Wahrlich kein großer Akt, wäre da nicht der innere Schweinehund – die Bequemlichkeit – gewesen, der befand, das hätte bis morgen Zeit. Doch morgen ist der Tag der niemals kommt.

Nach diesem Networking-Crashkurs werden Sie besser netzwerken als bisher – bewusster und wahrscheinlich mit veränderter Einstellung: Es kommt nicht auf die Menge der Kontakte an, die man womöglich in kürzester Zeit knüpft. Wesentlich ist, etwas Sinnvolles aus ihnen zu machen, das allen Beteiligten nutzt. Es geht um einen Mehr-Wert oder um Win-win-Situationen. Der Begriff *Beziehungen* trifft deshalb den Networking-Kern besser als der unpersönliche Begriff *Kontakt*.

Studien belegen: Wir sind mit **allen** Menschen auf diesem Planeten verbunden, nicht immer persönlich, jedoch über die Kontakte unserer Kontakte. Ein Freund hat an einem Experiment hierzu teilgenommen: Eine bestimmte Person sollte in Australien gefunden werden, die der Studienteilnehmer selbst nicht kannte – es hat funktioniert: Es braucht nur sechs Menschen, damit dieses Kunststück gelingt. Soziologen nennen das *Small World*. Der Volksmund sagt: „Die Welt ist klein" oder „ein Dorf". Oft sind wir über die Social Media nur zwei Mausclicks voneinander entfernt. Wie einfach ist die Kontaktaufnahme in Zeiten des Internets. Die hierin steckenden Chancen sollten wir nutzen.

Im Crashkurs Networking galoppieren Sie mit mir durch die bunte Welt des Netzwerkens. Das ist der erste wichtige Schritt und ich halte Ihnen schon den Steigbügel für die gekonnte Umsetzung. Da das Richtige zu (er-)kennen noch nicht heißt, es zu tun, gebe ich Ihnen folgende Anregungen und Fragen mit auf den Weg:

Manches klingt ganz leicht – warum tun wir es dann so selten, halbherzig oder gar nicht?

- Manches erleben Sie bewundernd oder ein wenig neidisch als Erfolgsrezept bei anderen – was hält Sie ab, das Beste davon für sich herauszupicken?

- Manches sollten Sie einfach testen, auch wenn Sie skeptisch sind – was haben Sie zu verlieren?

Sie sollen natürlich nicht bloß um des Netzwerkens willen netzwerken. Denken Sie bisweilen an den Rechtsgrundsatz der alten Römer **„do ut des"** (Ich gebe, damit du gibst), der Leistung und Gegenleistung verknüpft, oder an das Prinzip **„manus manum lavat"** (eine Hand wäscht die andere). Wer es lieber biblisch und damit völlig selbstlos mag: **„Geben ist seliger denn Nehmen."** Letzteres wird mit dem wohlmeinenden Hinweis verbunden, die Ausgewogenheit der Beziehungsbilanz im Auge zu behalten. Selbst St. Martin hat den halben Mantel behalten, weil er sonst anstelle des Hilfsbedürftigen erfroren wäre.

Netzwerken kann man lernen. Wenn Sie damit anfangen, es bewusst zu tun, geht es irgendwann in Fleisch und Blut über und läuft wie nebenbei mit. Sie werden sehen, es macht Spaß und führt zu interessanten Begegnungen. Erste Erfolge stellen sich ein und sei es für den Anfang nur der, sich aufgerafft zu haben, aktiv zu werden. Daher empfehle ich schon bei der Lektüre des Ratgebers:

- Neugierig sein und Fragen stellen!

- Ausprobieren und dranbleiben!

Ich wünsche Ihnen viel Erfolg – seien Sie allzeit gut vernetzt!

Ihre Martina Haas

Expertin für Networking und Kommunikation

Dank der Autorin

Management-Guru Tom Peters schreibt in „Re-Imagine", ein Freund bezeichne seinen „dringlichen Rat", er solle sich angewöhnen, Dankesmitteilungen zu verschicken, als „lebensverändernd". Ich bin ganz seiner Meinung. Da man erteilten Rat auch selbst befolgen sollte, ist es nun an mir, meinem Netzwerk für seine Unterstützung zu danken, denn von der Idee bis zum Buch ist es ein langer, hürdenreicher Weg.

Ohne Stephan Kilian, den kreativen Herausgeber der Beck-Ratgeber-Reihe, gäbe es das Buch nicht. Ihm danke ich auch dafür, dass er mich mit seinem Titelvorschlag ins Schleudern brachte. Es ist vor allem meinen bewährten Ratgebern Peter Seiler und Hermann Scherer sowie Marina Szudra zu verdanken, dass ich mich mit dem Titel anfreun-

den konnte und nach leichter Modifikation damit sehr
glücklich bin. Martin Suter, mein Schweizer Lieblingsautor
und ehemals sehr erfolgreicher Werbetexter, der schon
beim ersten Buchtitel segensreich mitwirkte, gestatte-
te mir eine Anleihe bei seinem Roman „Small Word". Mehr
noch: Er kreierte den Slogan des roten Button „Small
World by Networking". Hermann Scherer danke ich nicht
nur für das Vorwort.

Geschätzte Testleser waren meine Mutter, die Kinderbuch-
autorin Franziska Franz, Thomas Möbius, Marina Szudra,
deren wundervoller Sopran mich häufig via CD beim
Schreiben begleitete, Gabriele Seipel-Pogonka und Torsten
Schubert. Ihre wertvollen Anregungen und ihre konstrukti-
ve Kritik spornten an, nochmals nachzudenken, ggf. wei-
terzufeilen. Gespendetes Lob war Balsam für die Seele.
Zwei Profis aus der schreibenden Zunft, Britta March
und Brigitte Menge, unterstützten in der Korrekturphase
durch klugen Rat.

Ihnen allen danke ich herzlichst für ihre Zeit, das verbrate-
ne Hirnschmalz und ihre Freundschaft.

Schritt 1: Definition der Ziele

Alles ist möglich

Professionelles Netzwerken kann man erlernen. Und wie überall gilt: Übung macht den Meister. Wichtig ist nicht nur die Erkenntnis, dass jeder anders ist und damit auch andere Vorlieben oder Stärken beim Netzwerken hat. Viel wichtiger ist, möglichst konkrete Ziele und einen Plan zur Umsetzung zu haben – in manchen Fällen auch einen B-Plan. Mit Blick auf Ort, Zeit und mögliche Kommunikationswege gilt es, Entscheidungen zu treffen.

Der eine oder andere wird aus dem unbestimmten Gefühl heraus, mehr über effizientes Netzwerken wissen zu müssen, zu diesem Buch gegriffen haben. Manche stehen in den Karrierestartlöchern, andere wähnen sich in einer beruflichen Sackgasse. Sie alle wollen sich informieren, vielleicht neu orientieren und wissen nicht so recht wie. Wieder andere haben schon mehr oder weniger konkrete Pläne, für deren Umsetzung sie Informationen oder die Unterstützung anderer benötigen.

Daneben gibt es die Fortgeschrittenen, routinierte Netzwerker, die ihre Netzwerke seit Jahren hoch professionell ausbauen und pflegen, ohne sich dessen bewusst zu sein. Das klingt merkwürdig, entspricht jedoch meiner Erfahrung: Nach jedem Vortrag kommen Zuhörer mit der Erkenntnis auf mich zu, „vieles von dem, was Sie empfehlen, mache ich schon", häufig mit dem Zusatz, „aber nicht regelmäßig und nicht systematisch". Sie fühlen sich durch meine Ausführungen bestätigt, das Richtige zu tun, und zugleich aufgefordert, am Feinschliff zu arbeiten, um das, was sie ohnehin schon richtig machen, zu verstärken.

Mit diesem Crashkurs wird Anfängern wie Fortgeschrittenen geholfen. Den Erfahrenen rufe ich zu: Probieren Sie Neues aus – zu viel Routine tötet die Kreativität. Erschließen Sie sich neue Kreise mit anderen Themen. Sie werden sehen, wie bereichernd das ist.

Wenn Sie mögen, können Sie sofort damit anfangen, an Ihren Themen und Baustellen zu arbeiten. Als Leitfaden für die Entwicklung einer individuellen Networking-Strategie habe ich neben Hinweisen auch Fragen integriert. Wenn Sie sie beantworten, wird dieser Ratgeber zu einem Arbeitsbuch. Sie müssen das nicht tun und schon gar nicht sofort, sondern können das ggf. bei einem zweiten Durchlauf nachholen.

Je konkreter das Ziel ist – z. B. eine bezahlbare neue Wohnung in Hamburg mit Alsterblick bis Ende des Jahres oder kurzfristig einen Coach für Karrierefragen oder einen renommierten berufsbegleitenden Lehrgang zu einem Fachthema zu finden – desto leichter und präziser kann geplant und das vorhandene Netzwerk zu befragt und aktiviert werden. Betritt man hingegen unbekanntes Terrain, sucht man z. B. einen Arbeitsplatz in China, gilt es, über den Tellerrand zu schauen und ggf. neue Kontakte zu knüpfen. Wollen Sie im Ausland arbeiten oder sich länderspezifisch positionieren liegt es nahe, die Sprache zu lernen. Ebenso wichtig ist es, sich mit der Kultur vor Ort zu beschäftigen – Stichwort: interkulturelle Kompetenz. Sie erleichtert das Leben und Arbeiten mit Menschen anderer Nationalität oder anderen Glaubens spürbar und erspart einem manchen Tritt in den Fettnapf. Interkulturelle Kompetenz wird auch in Deutschland selbst immer wichtiger. In Berlin stellen Banken türkischstämmige Mitarbeiter gezielt für den Kontakt mit türkisch sprechenden Kunden ein.

> **Think Big!**
>
> Legen Sie den Maßstab für Ihre Ziele nicht zu niedrig an – „think big" nennt man das auf neudeutsch. Wer nach den Sternen greift, wird belohnt. Das beste Beispiel ist Hermann Scherers verwegene Idee, US-Präsident Bill Clinton als Redner nach Deutschland zu holen. Ihm gelang 2001, was zuvor keiner geschafft hatte.
>
> Oder wie Christopher Columbus einst sagte: „Du wirst niemals den Ozean überqueren, wenn du nicht den Mut hast, so weit aufs Meer hinauszufahren, dass du die Küste nicht mehr siehst."

Was ist ein Netzwerk?

Bevor wir starten, sollten wir zunächst klären, was ein Netzwerk überhaupt ist. Keine Sorge, Sie müssen sich nicht mit wissenschaftlichen Definitionen beschäftigen, die von Knoten, Synapsen etc. sprechen. Nach vielen Gesprächen und Interviews kann ich Ihnen verraten: Jeder definiert den Begriff anders. Viele verwenden ihn gar nicht oder haben nie über Begrifflichkeiten nachgedacht. Da sie wissen, worauf es ankommt, haben sie gleichwohl ein großartiges Beziehungsgeflecht.

Kein Netzwerk – oder doch?

Der ehemalige Bahnchef und Vollblutunternehmer Dr. Heinz Dürr (Dürr GmbH) sagte neulich zu mir: „Ich habe kein Netzwerk, ich kenne halt ein paar Leute …" Das war natürlich eine charmante Untertreibung, denn er ist einer der in Wirtschaft, Gesellschaft und Politik bestvernetzten Männer dieser Republik und verfügt auch international über ein hervorragendes Netzwerk. Wie geschickt er Menschen einbindet und sie ggf. in die Pflicht nimmt, erlebe ich seit Jahren beim Verein der Baden-Württemberger in Berlin. Er ist unser Vorsitzender und mit fast 80 Jahren noch immer enorm aktiv – auch ehrenamtlich u. a. gemeinsam mit seiner Frau Heide für ihre Stiftung zur Förderung frühkindlicher Bildung.

Die beste Begriffsbestimmung von „Netzwerk" fand ich in einem Englischlexikon, dem Collins Cobuild: Netzwerk wird dort definiert als „a large number of people, groups and institutions etc. that have a connection with each other and work together as a system."

Wichtig sind ist also

- eine große Anzahl von Beteiligten,

- Verbindung miteinander und

- systematisches Zusammenarbeiten.

Die ehemalige philippinische Botschafterin Dr. Delia Domingo Albert, Außenministerin der Philippinen a. D., fasst treffend zusammen: Ein gutes Netzwerk zu haben heißt „Knowing the right person to ask the right questions for the right approach."

Kernkompetenz Networking

Die Kunst des Netzwerkens besteht darin, in unterschiedlichsten Zusammenhängen für jede Frage die richtige Person für die richtige Herangehensweise zu kennen.

Dieter Kosslick, der Festivaldirektor der Berlinale, äußerte im Interview: „Ein Netzwerk ist für mich etwas Virtuelles, das man real anwenden muss. Man hat 500 Telefonnummern und aus diesen kann man etwas kreieren. Aber es ist jedes Mal etwas anderes." Man kann ihm, Dr. Heinz Dürr und Dr. Delia Domingo-Albert gewiss ein – so nenne ich es immer – „Networking-Gen" zuschreiben.

Private Telefon- und Notizbücher sind wahre Fundgruben. Als ein konzerninterner Jobwechsel anstand, sagte mein damaliger Chef bezogen auf den künftigen: „Sie müssen in sein schwarzes Notizbuch hineinkommen, dann klappt das auch mit der Abteilungsleiterstelle."

Ein Netzwerk setzt nicht voraus, dass sich alle Beteiligten persönlich kennen. Und mögen müssen sie sich auch nicht. Es gibt Kreise, die sich ganz oder z. T. überschneiden und Stränge, die keine Berührungspunkte haben. Bisweilen empfiehlt es sich u. a. mit Blick auf die Vertraulichkeit sogar, Vorhaben nur mit ausgewählten Ansprechpartnern zu besprechen, Themen und Menschen getrennt zu halten. Erforderlich ist dies bei unterschiedlichen Graden der Vertrautheit mit den Einzelnen.

Es gibt die unterschiedlichsten Formen von Netzwerken: Manche sind durchorganisierte Vereine und Verbände, geben sich formale Regeln wie Satzungen, Geschäftsordnungen, Beitrittsregularien, erheben Mitgliedsbeiträge etc., andere sind mehr oder weniger lose Verbindungen wie z. B. Stammtische. Erfahrene Netzwerker schwören auf ihr ureigenes Netzwerk: Für EU-Energiekommissar Günther Oettinger ist das beispielsweise ein stabiler, gut gepflegter Freundeskreis aus 12 bis 15 Personen, der sich seit drei Jahrzehnten kennt.

Wie viele Netzwerke braucht man?

Manche bezeichnen ihr Beziehungsgeflecht als *ein* Netzwerk. Coach und Beck-Kompakt-Autorin Bettina Stackelberg differenziert: *ein* Netzwerk mit unterschiedlichen Kreisen. Ich selbst meine, jeder hat mehrere Netzwerke und braucht diese auch für verschiedene Belange, Geschäftsfelder und Lebensbereiche. Für mich ist immer wieder spannend, wie sich aus meinen höchst unterschiedlichen Kontakten plötzlich neue, sich gegenseitig befruchtende Konstellationen und Zusammenhänge für Dritte ergeben, als stünde dahinter ein großer Plan. Das mag daran liegen, dass ich nicht nur vielseitig interessiert bin, sondern einfach „interessante Menschen sammle", was eine Düsseldorfer Agenturchefin schon vor 15 Jahren zu erkennen glaubte. Letztlich ist die Frage, ob Sie eines oder mehrere Netzwerke haben, unerheblich, wenn das Netzwerken funktioniert. Doch lassen Sie uns konkret werden!

Welche Pläne haben Sie?

Übung: Netzwerkstrategie Teil 1 von 3

Schreiben Sie ohne allzu langes Überlegen drei berufliche Ziele auf – möglichst mittel- oder langfristige. Das können aber auch scheinbar unwichtige Dinge sein, wie einer Kollegin zu sagen, sie möge erforderliche Zuarbeiten nicht immer verspätet oder kurz vor knapp beisteuern, weil Sie das mit Ihrer Arbeit in Verzug bringt. Tun Sie es bald, bevor Ihnen der Kragen bei einer Nichtigkeit platzt. Vielleicht stehen die Ziele sogar in einem Gesamtkontext.

Notieren Sie zu jedem Ziel, wann Sie daran zu arbeiten beginnen, am besten heute. Wenn Sie schon daran werkeln, umso besser. Setzen Sie sich bitte immer ein zeitliches Limit, bis wann Sie etwas erreichen wollen, und tragen Sie dafür einen Termin oder ein Ereignis ein. Etwa so:

Ziel 1 _____

Beginn der Umsetzung _____

Umsetzung bis _____

Ziel 2 _____

Beginn der Umsetzung _____

Umsetzung bis _____

Ziel 3 _____

Beginn der Umsetzung _____

Umsetzung bis _____

Nachdem Sie über Ihre Ziele nachgedacht haben, frage ich ketzerisch: Haben Sie auch einen Traum, eine Vision?

Mein Traum, meine Vision

_____

_____

Gehen Sie einen Schritt zurück, um zu überlegen, auf welche konkreten Ziele Sie Ihren Traum bzw. Ihre Vision herunterbrechen sollten, damit er/sie realisiert werden kann. Man sagt, ein Traum sei ein Ziel mit Deadline.

Ziel 1 _____

_____

Ziel 2 _____

_____

Ziel 3 _____

_____

Sind das andere Ziele, als die zuvor notierten, fragt sich: Was wollen Sie wirklich? Wo liegen Ihre wahren Interessen? Wofür brennen Sie? – Um mit Augustinus zu sprechen. Ein guter Prüfstein ist die Überlegung, welche Aktivitäten Sie so fesseln, dass Sie Ort und Zeit vergessen.

Alles ist möglich – aber nicht immer sofort

Wer Ziele definiert, muss sich auch über die Möglichkeiten der Realisierung Gedanken machen. Bei der Einschätzung, was ein Netzwerk zu leisten vermag, sollte man realistisch bleiben. Das steht nicht in Widerspruch zur Empfehlung

„Think big" – die Ziele groß zu denken: Das eine ist die Vision dessen, was man erreichen möchte, das andere das Handwerkszeug, um dorthin zu kommen.

Übersteigerte Erwartungen führen stets zu Enttäuschungen – und das hat gar nichts mit dem Netzwerk zu tun. Wer mit Konsumentenhaltung und Anspruchsdenken ans Netzwerken herangeht, gar glaubt, die Welt oder andere schuldeten ihm etwas, wird sich schwertun. Primär gilt: Hilf dir selbst, dann hilft dir Gott.

Soforthilfe benötigt

Wer von jetzt auf gleich Lösungen braucht und keine tragfähigen Netzwerke aufgebaut hat, muss den Einsatz erhöhen und anders agieren als ohne Zeitnot: Er wird sich intensiver bemühen, mehr parallel tun, insbesondere mehr Leute ansprechen und unkonventionellere Wege beschreiten müssen. Spontanes Netzwerken und auf den Zufall zu hoffen reichen dann nicht aus. Eine erhöhte Zahl von Fehlversuchen darf in extremen Situationen nicht schrecken, denn wer nichts versucht, hat schon verloren. Gleichwohl helfen auch hier ein Konzept und der sorgsame Umgang mit potenziellen Helfern. Mehr dazu später.

In Vorleistung gehen

Man muss erst einmal etwas ins Netzwerk hineingeben, damit man etwas herausbekommt. Der US-Networking-Papst Keith Ferrazzi hält *Generosity* für erforderlich, was mit Großzügigkeit, aber auch mit Edelmut übersetzt werden kann. Hermann Scherer verwendet das schöne Bild des

Einzahlens auf das Beziehungskonto, bevor man etwas abheben kann. EU-Kommissar Oettinger spricht vom „Sparbuch". Networking hat nach meinem Verständnis von allem etwas. Ich meine zudem: Bisweilen sollte man ohne kleinliches Aufrechnen Bilanz ziehen.

> **Erfolgsfaktor Geduld – Eile mit Weile**
> Networking-Aktivitäten sind eine Investition in die eigene Zukunft. Man investiert Zeit, Geld und Ideen. Der Return on Investment kommt mit Sicherheit – manchmal überraschend schnell, manchmal braucht es etwas länger. Deshalb sollte man mehrgleisig fahren und dabei immer auf das richtige Timing achten.

Was können Netzwerke leisten?

Von einem funktionierenden Netzwerk kann man erwarten:

- Gelegenheit, Gemeinschaft zu pflegen
- Gelegenheit, sich für und mit anderen zu engagieren – für ein übergeordnetes Interesse (gesellschafts-)politischer oder sozialer Art, die Kunst oder den Sport
- Erweiterung des Horizonts – beruflich und privat
- Informationen aller Art
- fachlichen Austausch bis hin zum Wissenstransfer
- Möglichkeiten, andere Menschen kennenzulernen
- neue Erfahrungen zu sammeln

- neue Fähigkeiten zu erlernen, wie z. B. Projekte oder Veranstaltungen zu organisieren

- Anregung, etwas zu tun – von der Empfehlung bis hin zum mehr oder weniger sanften Tritt in den Allerwertesten

- Ermutigung bei Vorhaben

- Unterstützung

Der konkrete Nutzen hängt von vielen Faktoren ab, die mit dem Netzwerk selbst, den Akteuren und mit uns, die wir auf Unterstützung hoffen, zu tun haben.

Diese Faktoren sind im Einzelnen:

- die inhaltliche und thematische Ausrichtung des Netzwerks: privat, beruflich, branchenspezifisch, branchenübergreifend, karriereorientiert, für Selbstständige, für Angestellte, verschiedenen Gruppen oder sozialen Zwecken dienend

- der ureigene räumliche Aktionskreis des Netzwerks

- seine Größe

- seine Reputation

- sein Handlungsspielraum, z. B. Satzungszwecke, steuerliche Vorschriften der Gemeinnützigkeit

- die finanzielle Ausstattung

- die Einbindung des Netzwerks in größere Einheiten wie internationale Organisationen und seine Vernetzung mit Kooperationspartnern

Ebenso wichtig für die Beurteilung des potenziellen Nutzens eines Netzwerks sind die Mitglieder:

- ihre Bedeutung innerhalb von Wirtschaft und Gesellschaft (wo sind sie hierarchisch angesiedelt, sind es Entscheider, sind es sog. Macher?)

- die hierarchische Rolle und Reputation unserer wichtigsten Ansprechpartner innerhalb des Netzwerks

- der Umfang des Engagements unserer Ansprechpartner für das Netzwerk

- der Grad der anderweitigen Vernetzung unserer Ansprechpartner

! Jagd nach neuem Job oder nach Aufträgen

Menschen auf Jobsuche oder Selbstständige und Unternehmer bei der Akquise erhoffen sich Jobs bzw. Aufträge, die ihnen auf dem silbernen Tablett serviert werden. Das funktioniert selten und noch seltener aus dem Stand. Selbst wenn jemand gerne behilflich wäre, braucht es die konkret zu besetzende Stelle oder den zu vergebenden Auftrag. Es ist illusorisch zu glauben, ein hochrangiger oder vermögender Gesprächspartner habe stets eine Lösung im Rucksack. Wahrscheinlich wird dies eher bei einem seiner Kontakte der Fall sein – Stichwort: Small World.

Viel ist bereits gewonnen, wenn Ihnen jemand eine allgemeine Information oder besser noch einen konkreten Hinweis gibt, welche Kreise Sie wegen eines bestimmten Anliegens ansprechen sollten. Wenn Sie sich darüber hinaus noch auf diese Person beziehen dürfen, ist das ein großer Pluspunkt und vermittelt eine gewisse Nähe zum Ansprechpartner, die Glaubwürdigkeit verschafft Zudem fällt der Gesprächseinstieg leichter als bei der „Kaltakquise". Doch Vorsicht: Vorzugeben, man sei befreundet, wenn man sich nur flüchtig kennt, ist gefährlich. Kleine Lügen bestraft der liebe Gott sofort, zumindest hängt das Damokles-Schwert über einem, ertappt zu werden…

Vertrauen trägt Früchte

Das Tüpfelchen auf dem i beim Netzwerken ist eine Weiterempfehlung, eine Referenz. Beides muss man sich erarbeiten. Allem voran muss eine Vertrauensbasis geschaffen werden. Das braucht seine Zeit. Wichtig ist, sich stets professionell und fair im Umgang mit anderen zu verhalten und zuverlässig zu sein.

Betrachtet man Networking als Teil der beruflichen Aktivitäten – und das sollte man tun –, muss man dieselbe Sorgfalt walten lassen wie bei der täglichen Arbeit, wenn Sie z. B. einen Schriftsatz oder eine Präsentation erstellen oder auf der Baustelle bzw. im Operationssaal tätig sind. Für das berufliche Fortkommen sind ein hoher Bekanntheitsgrad und eine tadellose Reputation wichtig.

Vertrauen und Reputation

Dem Immobilien-Tycoon Donald Trump wird das zu beherzigende Zitat zugeschrieben, man dürfe stets Geld, aber niemals seinen Ruf riskieren.

Was der Einzelne von seinen Kontakten tatsächlich erwarten darf, hängt vor allem davon ab, wie er sich verhält. Woraus sich der individuelle Sympathiewert zusammensetzt, erfahren Sie später. Interessant ist dieses Fundstück: „Charakter zeigt sich daran, wie man die behandelt, die nichts für einen tun können."

Denken Sie daran: Ein Netzwerk ist nichts Statisches, es verändert sich permanent mit den Menschen, die dazugehören. Und auch wir verändern uns durch die Herausforderungen, die auf uns zukommen oder denen wir uns stellen möchten. Mehr dazu erfahren Sie bei Schritt 7 „Evaluation und Feinjustierung".

Wann funktioniert ein Netzwerk?

Jedes Netzwerk ist anders. Doch eines haben alle Netzwerke gemein: Jedes ist nur so gut wie das Zusammenspiel der Mitglieder unter Einhaltung der Spielregeln. Je stärker sich die Beteiligten einbringen, desto mehr Interaktion ist möglich. Es braucht Leitfiguren mit Visionen oder doch zumindest Ideen, eine Gruppe, die das Ganze voranbringt und organisieren kann. Dass der Aktivitätspegel verschieden hoch ist, spielt zumindest in größeren Einheiten keine Rolle. Zu viele, die sich nur „bedienen" lassen, belasten Netzwerke jedoch. Was die Menschen zusammenhält, sind das Wir-Gefühl, Engagement, die gleiche Gesinnung, ähnliche Wertvorstellungen und Freude am Tun. Für viele ist außerdem der Spaßfaktor enorm wichtig.

Versierter Umgang mit ungeschriebenen Spielregeln

Ungeschriebene Spielregeln erkennt man häufig erst durch leidvolle Erfahrungen. Komfortabler ist es, wenn Mentoren, Türöffner, Multiplikatoren oder erfahrenere Kollegen sie vermitteln. Verstöße gegen Spielregeln werden übelgenommen, selbst solche aus Unkenntnis. Neulinge sollten deshalb das Umfeld sondieren, bevor sie agieren. Vorsicht ist die Mutter der Porzellankiste!

Auf den Punkt gebracht

Wer weiß, wohin die Reise gehen soll, wird mehr Erfolg haben als Menschen, die sich keine Gedanken über ihre Zukunft machen oder darauf warten, dass etwas passiert.

Das gilt auch beim Aufbau von Beziehungen. Agieren und nicht reagieren, lautet die Devise. Häufig reicht schon, die grobe Richtung zu kennen, vieles ergibt sich dann beim Tun.

Besonders wichtig ist geistige Flexibilität, die Schere im Kopf darf nicht zu früh zum Einsatz kommen.

Schritt 2: Networking-Doppelstrategie

Networking-Strategie – ja oder nein? Daran scheiden sich die Geister. Viele stößt schon der Begriff „Strategie" ab, weil er berechnend klingt. Natürlich geschieht vieles aus Berechnung, das ist aber nicht das, was ich vermitteln möchte. Es geht nicht um reines Kalkül und Taktik, sondern um sinnvolles, zielorientiertes und strukturiertes Vorgehen. Dieses rankt sich entlang der Frage: „Was ist beruflich für mich wichtig?".

Zielgerichtetes Verhalten ist zweifellos legitim, denn wer keine Ziele hat, verläuft sich leicht. Ein Faktor allerdings, ohne den kaum etwas geht, ist auch für berechnende Menschen unkalkulierbar: Die zwischenmenschliche Chemie. Sie muss stimmen. Den Zurückhaltenden sei zum Trost gesagt: Schmarotzer werden zumindest mittelfristig enttarnt. Das bremst allzu steile Aufstiege ab.

Die Frage: Spontanes Handeln versus strategisches Vorgehen? Die Antwort auf diese Frage muss lauten: Das eine zu tun, heißt nicht, das andere zu lassen. Es kommt auf die Lebenssituation an. Alles ist eine Frage der Ziele und der zur Verfügung stehenden Zeit.

Strategie bedeutet keinesfalls den Verzicht auf Kreativität. Im Gegenteil: So manche Strategie geht nur dann auf, wenn man außerordentlich kreativ ist, insbesondere im Umgang mit Chancen.

Die wichtigste Strategie ist, nichts unversucht zu lassen und einmal mehr aufzustehen, als hinzufallen. Letzteres ist Das sit übrigens auch das Motto von Prof. Rita Süssmuth, Bundesministerin und Bundestagspräsidentin a. D.

Mit Strategie ist das Leben einfacher

Wenn ich es mir genau überlege, habe ich viele Jahre eher intuitiv, denn strategisch genetzwerkt – und das durchaus erfolgreich. Das ist ein Bekenntnis, keine Handlungsempfehlung. Ein kluger Kopf meinte zu Recht, mit Strategie sei das Leben einfacher.

Deshalb lautet mein Rat:

Doppelstrategie: Spontaneität + Strategie

Ich halte viel von Spontaneität und Intuition. Doch in bestimmten Situationen oder Lebensphasen ist eine Strategie unerlässlich! Sie übernehmen zusätzliche Aufgaben im Job, werden befördert, ziehen in eine neue Stadt, Sie werden aus dem Angestelltenverhältnis heraus von jetzt auf gleich selbstständig, Sie wechseln die Branche – klassische Fälle, in denen Sie neue Verbindungen und neue Netzwerke brauchen, und zwar schnell.

Überlegungen zur Networking-Strategie

Ihre Networking-Strategie orientiert sich an Ihren Träumen und konkreten Zielen. Sie ist höchst individuell, denn sie muss zu Ihnen als Person passen, sonst sind Sie nicht authentisch. Ein Patentrezept gibt es daher nicht. Keiner nimmt Ihnen die Arbeit ab, Ihren Weg zu finden, jedoch helfen folgende Überlegungen und Zwischenschritte:

Ihre Ziele haben Sie bereits in der Netzwerkstrategie-Übung Teil 1 festgelegt. Nun stellen sich die Fragen: Welche Fische wollen Sie fangen, wo und wie kommen Sie an diese heran?

Übung Networkingstrategie Teil 2 von 3

- *Brechen Sie die Ziele auf konkrete Schritte und Maßnahmen herunter.*
- *Benennen Sie Vorbilder, Türöffner und Multiplikatoren.*
- *Identifizieren Sie mögliche Störenfriede, um sie einzubinden oder auszuschalten.*
- *Beschaffen Sie sich Informationen.*
- *Legen Sie Prioritäten fest – bei den Zielen ebenso wie bei der Vorgehensweise.*
- *Ändern Sie ggf. Ihr Verhalten.*
- *Zeigen Sie (mehr) Präsenz in den bisherigen Netzwerken.*
- *Nutzen Sie alle Plattformen, auch Social Media.*

Ich bin ein großer Freund des Visualisierens: Kaufen Sie sich ein schickes Notizbuch und notieren Sie zu jedem dieser Punkte spontane Ideen. Diese sollten sie in den nächsten Wochen ergänzen und vertiefen. Manches werden Sie vielleicht auch wieder korrigieren. Strategien zu entwickeln, ist keine Frage von ein paar Stunden, sondern ein Prozess und viel „learning by doing". Beim Weiterlesen füllen sich diese Ansätze weiter mit Leben.

Von Chancen, Glück und Zufall

Wir sind ständig von Menschen umgeben – gewollt und ungewollt. Jede Begegnung kann ungeahnten Nutzen stiften, wenn man sich darauf einlässt. Sie sollten daher allzeit bereit sein, das Glück beim Schopf zu packen, zu netzwerken: zu jeder Tages- und Nachtzeit und wo immer Sie sind – in der Bahn, im Flugzeug, in der Warteschlange, in der Theaterpause, beim Bäcker, in der Teeküche, in der Kantine, auf dem Fußball- oder Tennisplatz, selbst beim Händewaschen.

War es nicht Forrest Gump, der sagte: „Das Leben ist wie eine Pralinenschachtel, man weiß nie, was man kriegt"? Wer nichts ausprobiert, geht in jedem Fall leer aus.

> **Small-Talk-Gelegenheiten als Chance begreifen**
> Menschen, denen Small Talk schwerfällt, könnten solche Gelegenheiten prima zum Üben nutzen. Nicht selten ergibt sich daraus ein interessanter Kontakt.

Es gibt unterschiedliche Situationen:

- den **puren Zufall**, Brad Pitt an einem x-beliebigen Tag in Berlin auf der Straße zu treffen

- **abgestufte Formen des Zufalls**, bei denen es nicht unwahrscheinlich ist, bestimmte Menschen zu treffen, ggf. indem man ein bisschen nachhilft. Zum Beispiel: Es ist Berlinale, Sie wissen, dass George Clooney in der Stadt ist oder dass er einen Film in Potsdam-Babelsberg dreht. Noch besser: Sie kennen den Inhaber seines Lieblingsrestaurants, der Ihnen noch einen Gefallen schuldet. Das ist doch eine Nachfrage wert?!

- **Leicht kalkulierbare Situationen:** Häufig weiß man, wen man bei einem Meeting oder bei einer Veranstaltung treffen wird. Oft ist der Kreis der Einladung zu entnehmen oder es gibt Erfahrungswerte, die man hat, wenn man des Öfteren bei solchen Events ist: Es handelt sich um die „üblichen Verdächtigen", die bei solchen Anlässen immer anzutreffen sind – neben dem Gastgeber, dem Stammpublikum (z. B. Kollegen oder Vereinsmitglieder) und wechselnden Referenten. Oft liegen Teilnehmerlisten aus oder werden im Vorfeld des Events versandt. Sehen Sie diese sorgfältig daraufhin durch, wen Sie kennen und vor allem wen Sie gerne kennenlernen würden. Tragen die Anwesenden Namensschilder, erleichtert das die Kommunikation. Zudem kann man beim Gastgeber oder denjenigen, die am Empfang die Gästeliste führen, nachfragen, ob bestimmte Personen schon da sind. Man erkennt an noch ausliegenden Namensschildchen, wer fehlt.

- Ein Spezialfall des Zufalls ist **Serendipity** – ein schwer übersetzbarer Begriff. Gemeint sind Zufallsfunde, Erkenntnisse/Menschen/Ideen, die man nicht gezielt gesucht hat, die man jedoch nicht gefunden hätte, wäre man nicht losmarschiert, mit offenem Blick für Optionen. Dazu gehört auch das Gespür, mit den richtigen Leuten zum richtigen Zeitpunkt über Ideen zu reden.

Ein spektakulärer Fall von Serendipity ist Hermann Scherers Coup, Bill Clinton nach Deutschland zu holen:

So lädt man einen Präsidenten zum Abendessen ein

Während der zweiten Amtszeit von Bill Clinton wies das Weiße Haus Hermann Scherers Einladung an den amtierenden US-Präsidenten, in Deutschland einen privaten Vortrag zu halten, mit dem Hinweis freundlich zurück, das sei mit dem Amt nicht zu vereinbaren. Kaum war Clinton aus dem Amt geschieden, startete Scherer eine neue Anfrage. Und erneut drohte er zu scheitern: Clinton schien wie vom Erdboden verschluckt. Scherer setzte eine wahre Maschinerie in Gang, um seine Adresse herauszufinden. Zunächst vergeblich.

Die Lösung brachte fast zufällig ein Gespräch mit der amerikanischen Lehrerin, bei der er seine Englischkenntnisse in Form von Business-Konversation vertiefte: Sie hatte mit Clinton in einem Wahlhelferbüro gearbeitet und konnte ihm dessen Adresse binnen eines Tages besorgen.

Was lernen wir daraus?

1. Dranbleiben – ein zweiter Versuch lohnt häufig.

2. Wer darüber spricht, was ihn beschäftigt, kommt zu ungeahnten Resultaten.

3. Unterschätzen Sie nie das Potenzial und die Reichweite der Beziehungen Ihrer Gesprächspartner – denken Sie an das Small-World-Prinzip.

Der Wunschgesprächspartner steht vor Ihnen

Spielt einem der Zufall in die Hände und man trifft unerwartet eine wichtige Person, oder keiner ist da, der einen vorstellt, dann gilt es zu improvisieren und auf diese Person zuzugehen. Man muss sich selbst bekannt machen, will man sich nicht ewig darüber ärgern, diese womöglich einmalige Chance verpasst zu haben.

Bei jeder Begegnung muss man die Kunst beherrschen, sich und sein Anliegen kurz vorzustellen. Der erste Eindruck zählt. Vielen ist es unangenehm, sich vorstellen zu müssen, womöglich etwas Positives über sich zu sagen, wobei sich Frauen damit häufig schwerer tun als Männer. Dabei könnte es so leicht sein, wenn man den sog. Elevator-Pitch beherrscht. Von Angelina Jolie stammt der kluge Satz: „Glück ist, wenn Zufall auf Vorbereitung trifft." Also bereiten Sie sich gut vor, wann immer dies möglich ist.

Elevator Pitch

Der Elevator Pitch ist ein extrem kurzes Verkaufsgespräch, das einen prägnanten Überblick über eine Person oder ihr Anliegen, z. B. eine Dienstleistungs- oder Produktidee gibt. Der Pitch wird in der Kürze einer Fahrstuhlfahrt (ca. 30 Sekunden) durchgeführt. Mit dieser Methode versuchten Vertriebsmitarbeiter in den 1980ern Vorgesetzte zu überzeugen. Erfolgsentscheidend ist die emotionale Ansprache. Beim Gesprächspartner wird ein gutes Gefühl durch eine bildhafte Sprache, die positive Assoziationen weckt, die Körpersprache und die Stimme erreicht.

Wenn Sie den Spagat aus schneller Information und gutem Gefühl aus dem Stegreif hinbekommen – Glückwunsch! Die meisten müssen das üben, möglichst in zwei Varianten: der Ultrakurzfassung und der etwas längeren Variante. Wichtig ist, den Nutzen für den anderen deutlich herauszustellen.

Sie haben die Chance, Ihrer „Zielperson" im Lift zwischen EG und 18. OG eine Idee vorzustellen. Sie sind allein und sie muss Ihnen zuhören. So bereiten Sie sich darauf vor:

Ihr Elevator Pitch

1. Schreiben Sie die Kernpunkte auf, kurz und möglichst bildhaft, maximal fünf Sätze.

2. Sprechen Sie den Text laut. Sie hören sofort, was holprig klingt, weil man sich mündlich anders ausdrückt. Fällt es Ihnen schwer, die Sätze in dieser Reihenfolge zu sagen, stellen und formulieren Sie um. Wollen Sie überzeugen, erfordert authentisches Auftreten.

3. Testlauf mithilfe von Bekannten, die Ihnen ein ehrliches Feedback geben. Jedes Feedback ist wertvoll, seien Sie dankbar für Rückfragen.

Danach folgt der Feinschliff.

Keine Sorge, wenn Sie mit jemandem üben, der von der Materie keine oder wenig Ahnung hat: Ein intelligenter Zuhörer spürt stets die Unsicherheit des „Verkäufers" und erkennt Unstimmiges.

Der erste Eindruck und der bleibende Eindruck

Wir hören ständig, dass der erste Eindruck zählt und wir selten eine Chance haben, diesen zu korrigieren, wenn etwas schiefläuft. Dass der letzte Eindruck in Erinnerung bleibt, ist uns weniger geläufig, weshalb wir diese Chance oft ungenutzt verstreichen lassen.

Wenn Sie den Fuß in die Tür bekommen haben, elegant ins Gespräch gekommen sind, schleichen Sie nicht davon, sondern sorgen Sie für einen starken Abgang. Theaterschauspieler verbeugen sich elegant – ihre Reverenz an das Publikum. Was passt zu Ihnen und ist auf Ihren beruflichen Bühnen angebracht?

1. Immer richtig: Verabschieden Sie sich nach angemessener Gesprächsdauer höflich – manche Menschen kleben wie Kletten. Besser aufhören, wenn es „am schönsten" ist, bevor man nervt.

2. Bleiben Sie auch dann zuvorkommend und bemüht, wenn Sie Ihr primäres Ziel nicht erreicht haben. Man sieht sich im Leben nämlich immer zweimal.

3. Machen Sie, wenn es sich ergibt, Zusagen, die dem anderen zeigen, dass Sie an ihm und seinen Themen interessiert sind: eine Präsentation, einen Link zu schicken, eine Information nachzureichen, einen Kontakt zu einer interessanten Person herzustellen.

4. Schließen Sie eine Bitte an, z. B. über die nächsten Veranstaltungen informiert zu werden oder einen erwähnten Fachbeitrag übermittelt zu bekommen.

5. Sprechen Sie eine Einladung aus – zu einer interessanten Veranstaltung, zu einem gelegentlichen Business Lunch,

auf ein Bier nach Büroschluss. Achten Sie dabei auf die Angemessenheit, übertreiben Sie nicht.

6. Sollten Sie Ihre Visitenkarten vergessen oder nicht genügend dabeihaben – eine der Networking-Todsünden –, sollten Sie das Versprechen, Ihre Daten per E-Mail nachzureichen, zeitnah erfüllen. Das funktioniert nämlich in 95 % der Fälle nicht – die nächste Networking-Todsünde. Sie haben also die Chance, sich aus dem Pulk der Unzuverlässigen oder nicht ernsthaft am Gesprächspartner Interessierten wohltuend abzuheben und sich positiv in Erinnerung zu bringen. Manchmal lässt sich ein Missgeschick in einen Vorteil wandeln. Besser ist es, genügend Visitenkarten dabei zu haben.

Spare in der Zeit, dann hast Du in der Not

Netzwerke sollte man frühzeitig aufbauen, möglichst schon von Jugend an. Vor allem sollte man dies in guten Zeiten tun und nicht erst, wenn Probleme am Horizont auftauchen oder einen kalt erwischen. Ist man bereits in einer misslichen Lage, hilft diese Erkenntnis allerdings auch nicht weiter. Steht Ihnen das Wasser bis zum Hals – egal ob selbst verschuldet oder nicht –, hilft nur die Strategie! Dann gilt es, in alle Richtungen zu überlegen, die Ärmel hochzukrempeln und ein offenes Auge für alle Optionen am Wegesrand zu haben.

> Viele Wege führen nach Rom, aber nicht alle. Machen Sie von Anfang an möglichst viel parallel: Man weiß nie, ob etwas Früchte trägt und wann. Nur so vermeiden Sie Zeitverluste.

Für die, die jetzt erst mit dem Netzwerken beginnen oder durchstarten, zitiere ich Irene Natividad, die Gründerin des Global Summit of Women: „Es ist nie zu spät dafür."

Aufgabe: Spontanes Netzwerken

Sie wissen selbst am besten, wann und wo Sie sich vor Networking und Small Talk drücken. Hand aufs Herz: Wo könnten Sie im Joballtag spontaner netzwerken? Wann fangen Sie damit an?

1. _____

2. _____

3. _____

Auf den Punkt gebracht

- Eine Networking-Strategie als roter Faden ist kein Muss, aber häufig hilfreich. Achten Sie darauf, nicht sklavisch an der Strategie zu kleben, sondern sie kontinuierlich weiterzuentwickeln und ggf. auch einschneidend zu verändern.

- Nutzen Sie zudem jede Gelegenheit, Menschen und neue Themen kennenzulernen, sich auszutauschen, Anregungen aufzunehmen und selbst Rat zu erteilen oder Hilfe anzubieten.

- Greifen Sie zu, wenn sich Chancen zur Vernetzung bieten.

Schritt 3: Gute Vorbereitung

Haben Sie die Ziele definiert, eine grobe Strategie entwickelt, wie Sie vorgehen wollen, wird es konkret. Dabei sollten Sie beachten: Gute Vorbereitung ist die halbe Miete auf dem Marktplatz der Chancen. Vertrauen Sie nicht auf „Kommissar Zufall" oder das Glück, das ist zu ungewiss oder dauert zu lange. „Die Menschen, die in der Welt vorwärtskommen, sind diejenigen, die aufstehen und nach dem von ihnen benötigten Zufall Ausschau halten!" wusste schon George Bernard Shaw. Die Franzosen sprechen sogar von „corriger la fortune" – man muss dem Glück nachhelfen (durch Betrug). Letzteres lässt man besser. Nachhelfen, ja, falschspielen, nein.

Wer ein Ziel verfolgt, sollte jede sich bietende Chance nutzen. Chancen gibt es tagtäglich viele. Wir erkennen sie nur nicht immer, und wenn wir sie sehen, fehlt uns oft der Mut, sie zu ergreifen.

Häufig mangelt es uns schon an den erforderlichen Informationen über interessante Optionen. Das lässt sich ändern.

Sorgen Sie für Orientierung

Welche Informationen benötigten Sie konkret oder im Allgemeinen? Wer könnte sie beisteuern? Ein japanisches Sprichwort sagt: „Wer Fische fangen will, muss dahin gehen, wo die Fische sind." Ich ergänze: Er sollte nicht vergessen, ein Netz mitzunehmen, dieses zuvor auf Löcher untersuchen und sie zumindest notdürftig flicken.

Zentrale Fragen sind:

- Wo sind Ihre Fische?

- Wer könnte Informationen haben, die Sie zu Ihrem Ziel führen oder diesem näher bringen?

- Wo sind solche Personen anzutreffen?

- Wie kommen Sie an diese Personenkreise heran?

- Wer könnte Ihnen dabei helfen?

Erfolgsfaktor: gut informiert

Qualifizierte Informationen zu Ihren Anliegen finden sie großenteils in öffentlich zugänglichen Quellen: Zeitschriften, Büchern, Blogs, Seminaren, bei Messen, Kongressen, Vortragsveranstaltungen, in Fachvereinigungen und natürlich bei Menschen, die sich mit dem Thema auskennen, Spezialisten, Experten, Menschen aus Ihrem Umfeld, im Betrieb, in Ihrem Bekanntenkreis etc., und solchen, die Sie kennenlernen sollten.

Gut informiert bedeutet möglichst umfassend informiert – idealerweise aus erster Hand und frühzeitig. Falls die Information dann noch exklusiv ist, man der Einzige oder zumindest der Erste ist, der Kenntnis hat, hat man einen Riesenvorsprung vor der Konkurrenz. Voraussetzung ist zu wissen, wer der Hüter des Schatzes, also der Informationen, ist.

Gründliche Recherche verleiht ein gutes Gefühl und damit mehr Sicherheit, wenn man auf jemanden zugeht. Das gilt insbesondere bei hochrangigen Persönlichkeiten. Recherchieren Sie stets auch den persönlichem Werdegang einer

Person, nicht nur Funktion und Aufgabenkreis. Das erleichtert die Einschätzung und den Small Talk.

Doch immer wieder erlebe ich, dass selbst versierte Fachleute schlecht informiert sind, sobald es über das rein Fachliche hinausgeht. Oft kennen sich Menschen in ihrem Unternehmen nicht wirklich aus. In Konzernen fehlt häufig der Gesamtüberblick. Manche leben nur in der vergleichsweise kleinen Welt ihrer Abteilung, schauen nicht links oder rechts. Was gar in Konkurrenzunternehmen geschieht, ist nicht selten unbekannt. Sei es Desinteresse oder eine Form von Betriebsblindheit, die sich einstellt, wenn man längere Zeit etwas tut – keiner kann sich leisten, *nicht* informiert zu sein.

Gut vernetzte Menschen werden von hochrangigen Personen aus ihrem Netzwerk direkt informiert, erfahren wichtige Dinge im Gespräch, hören sie aus Zwischentönen heraus, da sie in regem Austausch stehen. Bei wichtigen Kontakten, die sie nicht häufig treffen, bringen sie sich selbst unaufdringlich (!) in Erinnerung. Weniger gut Vernetzte müssen sich gezielt um Informationszufluss kümmern.

Aktiv werden

Stellen Sie sich darauf ein: Menschen, die nicht zu unserem „Inner Circle" gehören, machen sich i. d. R. nicht allzu viele Gedanken über uns, unsere Karriere oder Wünsche. Wenn Sie etwas von anderen möchten: Formulieren Sie es. Je konkreter Ihre Vorstellung ist und je präziser Sie sich ausdrücken, desto leichter kann sich der Gesprächspartner ein Bild machen und überlegen, ob und ggf. welche Hilfestellung er geben könnte, wenn er wollte.

Information Overload

Viele klagen über die Informationsflut, mit der wir alle zu kämpfen haben. Sie ist tatsächlich einer der größten Zeitfresser. Gleichwohl sollten wir dankbar sein, dass es so viele und zudem qualifizierte Informationen gibt, die leicht und häufig sogar kostenlos zugänglich sind. Was für einen Aufwand bedeutete Recherche früher: den Besuch von Bibliotheken, womöglich weit entfernten Institutionen, vieles war unzugänglich. Heute wird schnell gegoogelt – mit guten Ergebnissen. Auch hier bedeutet mehr Routine bessere und schnellere Ergebnisse.

Übung: Netzwerkstrategie Teil 3 von 3

Planung der weiteren Schritte:

- *Identifikation: Schreiben Sie zu jedem Ihrer drei vorhin notierten Ziele und Zwischenschritte sieben Personen (private oder berufliche Kontakte) auf, die Ihnen in irgendeiner Weise helfen könnten.*

- *Nutzen – Hilfestellung: Notieren Sie bei jeder Person möglichst konkret, was diese für Sie tun könnte.*

- *Was haben Sie in der Waagschale? Falls Sie eine „Gegenleistung" anbieten könnten oder vor geraumer Zeit mit einem Gefallen in Vorleistung gegangen sind, bitte auch dies aufschreiben*

- *Mit „Take action" und dem bekannten „Yes, we can" motiviert US-Präsident Obama seine Unterstützer: Wann und wie können Sie die potenziellen Helfer jeweils auf Ihr Anliegen ansprechen?*

- *Brauchen Sie dafür die Hilfe Dritter?*

Auf den Punkt gebracht

- Es gibt Situationen und Fragestellungen, denen wir häufig begegnen. Auf diese können wir uns vorbereiten.

- Daneben gibt es Eventualitäten, deren Eintritt ungewiss ist. Vorsorglich sollten wir uns zu ihnen genügend Gedanken machen.

- Alles tatsächlich nicht Vorhersehbare betrachten Sie bitte als gute Gelegenheit, Ihr Reaktionsvermögen zu testen und Ihr Improvisationstalent zu trainieren. Sie werden sehen: Das macht sogar Spaß. Gestehen Sie sich dabei Schnellschüsse zu, es ist nicht immer perfekt Ausgefeiltes nötig.

Schritt 4: Kontakte knüpfen

Bevor es um das *Wie* professionellen Netzwerkens geht, einige Gedanken zum *Wo*. Wie eingangs erwähnt, kann man überall zu jeder Tages- und Nachtzeit netzwerken, wenn man möchte.

Orte der Begegnung und wahre „Bühnen"

Die Fülle der Optionen der nachfolgenden Übersicht wird Ihre Fantasie anregen. Sie ist in die private und berufliche Sphäre aufgeteilt. Beide überlappen sich häufig.

Private Networking-Sphären

Inner Circle

Der „Inner Circle" besteht für mich aus Lebens- oder Ehepartnern, engen Freunden und Teilen der Familie, kurz: den Menschen, die uns am wichtigsten sind, unser Ort zum Krafttanken mit gegenseitiger Unterstützung. Das nächste Umfeld hat jedoch oft nicht, was wir brauchen: Fachwissen, einen neuen Job oder Aufträge. Aber jeder hat Kontakte, die hilfreich sein könnten.

„Der Feind in meinem Bett" war der Titel eines Films. Beachten Sie, wenn Sie mit Ihrem Lebenspartner Berufliches diskutieren: Sie werden – ohne böse Absicht unterstellen zu wollen – selten eine objektive Aussage erhalten. Es liegt in der Natur das Sache, dass immer eigene Interessen des Partners mitschwingen: Das Jobangebot in einer anderen

Stadt tangiert die Privatsphäre beider, erfordert womöglich einen Umzug oder klugen Umgang mit einer Wochenend-beziehung. Die Übernahme einer Führungsposition oder Aufnahme eines Abendstudiums bedeuten schlicht weniger Zeit für den anderen.

Unter reinen Karriereaspekten holt man sich am besten Rat an anderer Stelle, nicht zuletzt von Profis, um dann – gut vorbereitet und mit Argumenten ausgestattet – gemeinsam mit dem Partner abzuwägen, was Sinn macht. Ähnliche Überlegungen gelten auch für Eltern oder „beste" Freun-de.

Familie

Seine Freunde kann man sich aussuchen, die Familie nicht. Sie kann beides sein: Fluch und Segen, denken Sie nur an Kain und Abel in der Bibel sowie an Romulus und Remus im alten Rom – jeweils einer blieb tragisch auf der Strecke. Die TV-Serien *Dallas* und *Denver Clan* bestätigten in den 1980-ern, dass mein Strafrechtsrepetitor den Bandenbe-griff zu Recht anhand der „Familienbande" erklärte. Heuti-ge Seifenopern arbeiten mit denselben allzu menschlichen Mustern.

Familienverbände können äußerst erfolgreich sein wie die Medicis und Borgias, die Kaufleute und Bankiers Fugger aus Augsburg, die Industriellendynastien Flick, Krupp, Quandt oder Mohn/Bertelsmann im Medienbereich. Der Adel vergrößerte mit Heiratspolitik Territorium und Einfluss. Ob die (zwangs-)verheirateten Kinder glücklich wurden, spielte keine Rolle. Gleichwohl gilt: Die Familie mit ihren Verästelungen gehört zu unseren stabilsten und hilfreichsten Netzwerken: Großeltern hüten Enkel, Onkel und Tanten vermitteln dem Nachwuchs Praktika und Jobs.

Unternehmensnachfolgeplanung

Der Hamburger Kaffeekönig Albert Darboven wurde von seinem Onkel adoptiert und als Firmennachfolger inthronisiert. Er sagte in unserem Interview: „Große Möglichkeiten und Chancen eröffnete mir die Adoption durch meinen Onkel Arthur Darboven, der mich 1948 als 12-Jährigen zum Nachfolger für sein Unternehmen erkor. Er förderte mich ebenso wie er mich forderte. Insofern erfuhr ich in früher Jugend Unterstützung durch das familiäre Netzwerk."

Freizeit

Viele Freizeitmöglichkeiten eröffnen wunderbare Chancen zum Networking. Lesen, Yoga oder alleine basteln gehören eher weniger dazu, auch wenn sie Freude machen und beim Small Talk hilfreich sein können. Wer neue Kontakte braucht, sollte sich vor allem da umtun, wo viele Menschen sind. Es sei auf über 500.000 Vereine und Verbände hingewiesen, in denen man sich engagieren kann. Später mehr dazu.

Übung: Wer beschäftigt sich mit Ihren Interessen?

Googeln Sie Ihr Thema (Thema + Verein, ggf. + Wohnort), um zu sehen, was es gibt. Verfeinern Sie die Suche bei Bedarf, tauschen Sie Stichworte aus. Lassen Sie Ihrer Fantasie freien Lauf, aber setzen Sie sich ein zeitliches Limit, sonst bleiben Sie im Web hängen.

Private und wirtschaftsnahe Ehrenämter

Ehrenämter gibt es in rein privaten Strukturen ebenso wie in Wirtschaft, Politik oder sonstigen Bereichen. Mein Großvater war z. B. Vorstand des Kirchenchores. Ich halte bürgerschaftliches Engagement für sehr wichtig, da der Staat nicht alles leisten kann, was nötig, sinnvoll oder wünschenswert ist. Sich für das Gemeinwohl oder eine Sache zu engagieren und dabei Spaß zu haben, ist großartig: Freude an der Aktivität kombiniert mit Nutzen (auch) für andere, eine Win-win-Situation. Zudem verbindet es ungemein, für eine gemeinsame Sache gearbeitet, gekämpft zu haben und das Ergebnis zusammen zu feiern.

Nicht selten ergeben sich dabei auch geschäftliche Anknüpfungspunkte, weil man sich von einer anderen Seite als im Korsett des Berufsalltags zeigen kann. Wer sich für die Vereinsjugend seines Tennis- oder Fußball-Clubs einsetzt und diese trainiert, hat meistens auch das Zeug zur Führungskraft, weil er Verantwortung übernimmt und Organisationstalent beweist. Einige meiner Interviewpartner schwören auf Mannschaftssport. Er erfordert Teamgeist, den Blick für das große Ganze sowie Disziplin – und lehrt den Umgang mit Gruppendynamik.

Die wirtschaftliche Bedeutung des Sports als Konglomerat verschiedener Netzwerke haben wir häufig nicht im Blick. Sportverbände sind mächtige Akteure auf dem internationalen Wirtschaftsparkett z. T. mit hunderten von Funktionären und Milliarden Umsätzen – man denke nur an die FIFA, horrende Ablösesummen für Fußballspieler, Fernsehübertragungsrechte oder den von Bernie Ecclestone dominierten Formel-1-Rennzirkus.

Persönlich bin ich seit Jahren in unterschiedlichen Kontexten ehrenamtlich tätig und unterstütze die Demenzinitiative „Konfetti im Kopf" von Michael Hagedorn, einem befreundeten Fotografen. Zu unser beider Freude führte ein von mir vermittelter Kontakt zu einer renommierten Wissenschaftseinrichtung zu einer Ausstellung.

Gewiss haben auch Sie Möglichkeiten, sich entsprechend Ihren Interessen ehrenamtlich zu engagieren, wenn sie das möchten, oder Sie tun es schon. Hier drei weitere Beispiele:

Frauen

Global Summit of Women – das Davos der Frauen

2007 kam ich durch eine gut vernetzte Bekannte aufgrund meines langjährigen Engagements für Frau & Karriere in das National Host Committee des Global Summit of Women – unentgeltlich zwar, aber belohnt mit bis heute bestehenden, interessanten Kontakten und der großartigen Erfahrung, drei Tage mit über 1.000 Frauen aus über 100 Ländern auf einem hochkarätigen Kongress zu verbringen. Noch nie sah ich so viele weibliche Wirtschaftsführer und hochrangige Politikerinnen an einem Ort – ein inspirierender Event.

Aufgrund ihrer exzellenten Verbindungen gelingt der Summit-Gründerin Irene Natividad seit über 20 Jahren über Kontinente hinweg der jährliche Kraftakt der Kongressorganisation.

Wirtschaft und Kultur

Der Wirtschafts- und Kulturstandort Berlin ist mir wichtig. Deshalb bin ich Mitglied der Berliner Wirtschaftsgespräche e. V. (kurz: BWG), die mit über 200 Veranstaltungen pro Jahr zu den aktivsten Vereinen Berlins zählen. Mit Podiumsdiskussionen oder Vorträgen zu aktuellen Themen aus Politik, Wirtschaft, Kunst, Kultur, Wissenschaft und den neuen Medien mischen sich die BWG für die Stadt und ihre Bürger ein. Für sie konzipiere ich Veranstaltungen, gehöre dem Lenkungssauschuss für Kultur, Tourismus und Kommerz an und leite das Team „Salon-Gespräche".

Salon-Gespräche

Es ist intellektuell anregend, prominente Gäste einzuladen und andere am Austausch mit ihnen zu Kunst, Kultur, wirtschafts- und gesellschaftspolitischen Themen teilhaben lassen zu können. Manche Gäste sind gute Bekannte, andere habe ich bei Events angesprochen oder „einfach" angeschrieben. Der Vorbereitungsaufwand wird durch unkonventionelle Gespräche an einem schönen Ort, dem Salon Berlin Geflüster, entlohnt. Anknüpfend an die Berliner Salon-Kultur bringen wir die Gäste zwanglos miteinander in Kontakt. Ich „verbandle" Menschen bei diesen Gelegenheiten zudem ganz bewusst und knüpfe selbst neue Beziehungen.

Führungsnachwuchs

Berufserfahrene sollten meiner Meinung nach etwas für den Führungsnachwuchs tun, ein Thema, das mit Blick auf den demografischen Wandel an Bedeutung zunimmt:

BWG-Juniorenkreis

Wie in fast allen Vereinen ist der Anteil der unter 35-Jährigen nicht hoch. Daher schlug ich Mitte 2012 die Etablierung eines Juniorenkreises zum Austausch Jüngerer untereinander vor. Die BWG sind mit ihrem breiten Spektrum für den Führungsnachwuchs eine attraktive Plattform. Von Anfang an engagierten sich tüchtige junge Leute.

Im ersten Jahr schon konzipierten sie fünf Veranstaltungen für ihre Altersgruppe, allesamt hochkarätig besetzt und gut besucht – eine wunderbare Bühne für die jungen Moderatoren. Begehrte Referenten geben sich die Ehre, weil sie die BWG und die Idee des Juniorenkreises gut finden. Den Junioren steht das gesamte Netzwerk des Vereins zur Verfügung. Es ist eine Bereicherung für den Verein und auch für mich, mit Jüngeren, die eine etwas andere Sicht und neuen Themen haben Zukunftsfragen zu diskutieren, Dinge anzustoßen.

Die Berliner Wirtschaft unterstützte den Juniorenkreis zudem vom Start weg. Das Café Einstein Unter den Linden, die dänische Sydbank und das Hotel MOA Berlin stellten attraktive Räume zur Verfügung – ein weiterer schöner Netzwerk-Effekt! Der langjährige gute Draht zu den verantwortlichen Herren war überaus hilfreich.

Der Moderator des ersten Events David Rhotert, Mitinhaber des Crowdinvesting-Unternehmens Companisto, attestiert: „Obwohl ich als Unternehmensgründer sehr gut vernetzt bin, war der Juniorenkreis von Anfang an eine Bereicherung. Aus den inhaltlich und organisatorisch sehr gut aufgestellten Veranstaltungen nahm ich viele neue Kontakte mit."

Geschäftliche Networkingsphäre

Orte der Begegnung und Möglichkeiten des formellen und informellen Austausches im geschäftlichen Kontext gibt es wie Sand am Meer. Ich habe sie für Sie strukturiert, wohl wissend, dass jeder Arbeitsplatz anders ist.

Innerhalb eines Unternehmens/einer Organisation

- Inforunden der Abteilung/des Bereichs
- Teambesprechungen
- Projektbesprechungen
- (Nachwuchs-)Führungskräftetreffen
- Strategiesitzungen des obersten Führungskreises
- Berichterstattung auf Gremiensitzungen (Geschäftsleitung, Aufsichtsrat, Beirat, Ausschüsse)
- Begegnungen im Rahmen von (Cross-)Mentoring-Programmen – Verbindung Mentor–Mentee
- Weihnachtsfeiern, Betriebsausflüge
- Interne Geburtstagsfeiern von Chefs und Kollegen
- Kantine/Stammkneipe der Firma
- hochkommunikativ: Teeküche und Flurfunk
- Betriebssport
- soziales Engagement des Unternehmens unter Beteiligung der Mitarbeiter

- Alumni-Netzwerke von Unternehmen (Verbund ehemaliger Mitarbeiter, häufig als XING-Gruppe geführt)

In Verbindung mit Kunden

- Verkaufsgespräche
- Sonstige Besprechungen und Präsentationen
- Geschäftsessen
- Kundenevents
- Messe- oder Kongressbeteiligung als Aussteller/Referent
- Beschwerden (sind großartige Chancen, denn im souveränen Umgang damit zeigt sich der Profi)

Sonstiges

- Messe-/Kongressbesuche
- Fortbildung intern/extern
- Fachverbände
- Unternehmenskooperationen, Joint Ventures
- Social-Media-Plattformen
    - XING (geschäftlich)
    - LinkedIn (international – geschäftlich)
    - Facebook
    - Google+
    - Twitter

Allgemeine Netzwerkübersicht

Dem Blick auf die Networkingsphären folgt hier eine Übersicht über klassische formelle Netzwerke, Vereine und Verbände – insgesamt über eine halbe Million:

- Arbeitgeberverbände, Gewerkschaften
- Business Clubs wie
  - Hamburger Übersee-Club,
  - Industrie-Club Düsseldorf
  - in Berlin: der Berlin Capital Club, die Berliner Wirtschaftsgespräche und der VBKI
- Freundeskreise kultureller Einrichtungen, Theater, Museen, z. B. Freunde der Neuen Nationalgalerie
- Fördervereine bei Projekten jeder Art
- Parteien
- Rotary und Lions Club
- Religionsgemeinschaften
- Zwangsgemeinschaften wie die berufsständischen Kammern von Ärzten, Rechtsanwälten u. a.
- Industrie- und Handelskammern, Handwerkskammern und Handwerksinnungen
- Gründerzentren
- Unternehmensnetzwerke.

Für Frauen gibt es eigene Netzwerke, von denen die größten aus den USA stammen:

- BPW Business and Professional Women

- Soroptimists

- Zonta

- EWMD European Women's Management Development International (Frauen und Männer)

- Berufsbezogen: z. B. dibev Dt. Ingenieurinnenbund, Dt. Juristinnenbund, Verband Dt. Unternehmerinnen

- Webgrrls

- interne Gruppierungen in gemischten Netzwerken: fib Frauen im Ingenieursberuf beim Verein Deutscher Ingenieure

Für jüngere Menschen, junge Berufstätige oder Jungunternehmer gibt es z. T. in Organisationen spezielle Kreise mit niedrigeren Beitrittshürden (niedrigere Beiträge, kein Erfordernis eines Bürgen) oder eigenständige Vereinigungen:

- Für Studenten: AIESEC oder fachbezogen ELSA, The European Law Students' Association, die weltgrößte Jurastudentenvereinigung

- Politik: Junge Liberale (FDP), Junge Union (CDU), Jusos (SPD)

- Bei den Rotariern „Rotaract", bei den Lions „Leos"

- Juniorenkreis Berliner Wirtschaftsgespräche bis 35

- Young BPW

- ASU e. V. (Arbeitsgemeinschaft junger Unternehmer), Eigentümer oder Familienunternehmer bis 40

- Wirtschaftsjunioren: Führungskräfte und Unternehmer unter 40

- „We are Family": Wenn Sie keine Lust auf die üblichen Vereine haben, vielleicht sind Sie ja Fan eines Produkts oder eines Unternehmens? Es gibt die unterschiedlichsten, teilweise von den Unternehmen initiierten *Communities* (z. B. für apple: macuser, appleunity) oder *Families*. Was BMW Mini der Mini-Fangemeinde von Kunst über Musik und Sport bis zu Events jeder Art bietet, ist großartig. „Stay in touch" vom Feinsten. Die Berliner Mercedes-Welt offeriert gesellschaftliche und kulturelle Veranstaltungen vom Formel-1-Public-Viewing bis zur Mercedes-Benz-Fashion-Week – ein toller Ort der Begegnung. Inspirierend auch die Autostadt in Wolfsburg, für die ganze Familie.

- Für Vielreisende ist interessant: Vielflieger von „miles & more" treffen sich in VIP Lounges der Lufthansa, Bahn-Vielfahrer in DB Lounges. Dort lassen sich Wartezeiten in angenehmer Atmosphäre mit Arbeit oder Small Talk verbringen. Mitglieder des standortbezogenen Netzwerks www.foursquare.com können abrufen, ob Bekannte eingecheckt haben.

Exkurs: Frauen und Networking

Ein Freund behauptet, Frauen seien die besseren Netzwerker. Das ist richtig und zugleich falsch. Es gibt sie, die weiblichen Profi-Netzwerkerinnen mit erstklassigen Kontakten über Hierarchiestufen hinweg zu Entscheidern und Meinungsbildnern. Ich habe viel von ihnen gelernt. Sie sind jedoch eher die Ausnahme. Aus gutem Grund hatte mein Karriereleitfaden den Titel „Was Männer tun und Frauen müssen – Erfolg durch Networking": Frauen können von Männern einiges lernen, ohne sie kopieren zu müssen. Sich Anregungen zu holen ist legitim.

Ja, Frauen können sehr gut netzwerken – jedenfalls privat. Darin sind sie vielleicht besser als Männer, da es ihnen am Herzen liegt, dass es allen gut geht. Im Privatleben sind sie meistens hervorragend vernetzt, kennen den besten Bäcker, die Änderungsschneiderin, die für kleines Geld geradezu zaubern kann, finden über Bekannte rasch heraus, wer der beste Kieferorthopäde für die schiefen Zähne der Kinder ist. Studien zufolge übernehmen Frauen familienintern oder in Zweierbeziehungen den Löwenanteil der Beziehungsarbeit mit dem Bekanntenkreis und sind dabei hoch effizient: Sie denken an Geburtstage, kaufen zwischen zwei Besprechungen noch schnell und trotzdem liebevoll Geschenke ein, besuchen die Ballettaufführung der Tochter, organisieren das Treffen mit Freunden und den Kindergeburtstag.

Das ist großartig, keine Frage. Ich wünschte, Frauen wären geschäftlich genauso versiert im Netzwerken. Doch dazu müsste Networking auf ihrer Agenda stehen, und zwar möglichst weit oben. Das ist allzu häufig nicht der Fall. Die meisten Frauen unterschätzen die Bedeutung beruflicher Netzwerke oder verweigern sich Netzwerken, weil sie befürchten, sie müssten sich verbiegen. Viele sind in Sorge, man würde etwas erlangen, das einem nicht zusteht, oder müsste sich gar gegenseitig etwas zuschustern. Der ethische Ansatz ist richtig, die Schlussfolgerung, auf Networking zu verzichten, für die Karriere fatal.

Weshalb, das begründet eine IBM-Studie aus den 90er-Jahren, wonach Erfolg im Beruf zu 60 % auf guten Verbindungen und zu 30 % auf cleverer Selbstpräsentation beruht. Weit abgeschlagen auf Platz drei sind Leistung und Qualifikation mit 10 % angesiedelt. Leistung und gute Abschlüsse sind die Eintrittskarte ins Business, reichen aber nicht aus, um auf der Karriereleiter nach oben zu kommen. Wer das begriffen hat, kann an der Selbstvermarktung arbeiten und Beziehungen aufbauen.

Weder Männer noch Frauen sollten darauf vertrauen, von Vorgesetzten ge- und befördert zu werden. Leistung wird oft für selbstverständlich genommen. Zudem schmücken sich manche gerne mit fremden Federn und werden schon deshalb ihr fleißiges Arbeitsbienchen nicht (weg-)befördern. Beherzigen Sie den Satz: Klappern gehört zum Hanwerk. Nutzen Sie jede Gelegenheit, Ihre Kompetenz zu präsentieren, und beachten Sie den feinen Unterschied: Das Bessere verdrängt das Gute, aber nicht das besser Dargestellte. Eine Professorin der Erziehungswissenschaften beobachtete über Jahre: „Drittklassige Männer habe häufig bessere Bewerbungsunterlagen als erstklassige Frauen." Die Verpackung macht häufig den Unterschied. Wird erkannt, dass es sich um eine Mogelpackung handelt, ist es meistens zu spät, die Stelle ist dann vergeben, die oder der bescheidene Tüchtige hat fürs Erste den Kürzeren gezogen. Verlassen Sie die Bescheidenheitsfalle, meine Damen. Machen Sie Ihre Kompetenz sichtbar.

Geheimtipp: informelle Netzwerke

Die Welt erscheint transparenter, als sie ist. Das beste Beispiel sind informelle Netzwerke, die sich in keinem Organi-
gramm oder Verzeichnis finden. Nur wenige wissen von
diesen hoch effizienten Strukturen hinter den offiziellen
Fassaden. Wird man hinzugebeten, ist das wie ein Ritter-
schlag.

Informelle Netzwerke setzen sich aus hochrangigen Personen des jeweiligen Unternehmens, der Institution, der
Partei zusammen. Mit an Bord sind graue Eminenzen, er-
probte Strippenzieher, Personen, deren Wort jenseits von
Hierarchien Gewicht hat – wegen ihrer Fachkompetenz,
der langen Unternehmenszugehörigkeit und ihrem dem-
entsprechend enormen historischen Wissen (auch über
Leichen im Keller anderer) –, und nicht zuletzt der Macht
nahe Personen. Sie sind nicht zwingend ständig in Kontakt,
verfolgen u. U. sogar höchst unterschiedliche Interessen
oder unterstützen sich nur einmalig:

Beispiel für ein informelles Netzwerk

*Eine Allianz weiblicher Abgeordneter aller Parteien setzte
mit Unterstützung männlicher Abgeordneter 1997 durch,
dass der Straftatbestand der Vergewaltigung in der Ehe in
das Strafgesetzbuch aufgenommen wurde. 25 Jahre hatte
es gebraucht, nachdem die SPD mit der Gesetzesänderung
im ersten Anlauf 1972 gescheitert war.*

Netzwerkauswahl

Nutzen Sie alle Plattformen der Begegnung – im Betrieb, in fachlichen wie gesellschaftspolitischen Zusammenhängen, in den Interessengebieten, in denen Sie sich profilieren wollen. Wie wichtig Recherche ist, kann nicht genug betont werden. Am wichtigsten ist jedoch der Faktor Mensch: Sie sparen viel Zeit und Mühe, wenn Sie gute Hinweise erhalten und über Türöffner in Netzwerke hineinkommen.

Nicht immer hat man solche Helfer. Häufig gibt es jedoch bei Vereinen und Organisationen Schnupperkurse, Tage der offenen Tür, Probestunden in Fitness-Studios, Probeabonnements – erkundigen Sie sich. Manche Sportart können Sie auch im Urlaub testen. Wer nicht gleich Mitglied eines Vereins werden will oder sich den Mitgliedsbeitrag (noch) nicht leisten kann, nutzt einfach die öffentlichen Veranstaltungen.

Wie erfahren Sie komprimiert von interessanten kulturellen und sonstigen Veranstaltungen, Ausstellungen etc.? In Berlin über *tip* und *zitty,* zwei alle 14 Tage erscheinende Stadtmagazine sowie das *Berlin Programm* mit seinem Monatsüberblick und dem Plan für den öffentlichen Nahverkehr, das ich immer an Besuch verschenke.

Gängige Informationsmethoden sind:

1. Abonnieren Sie Newsletter.

2. Lassen Sie sich auf Eventverteiler setzen.

3. Sprechen Sie mit interessanten Menschen.

4. Schauen Sie, wo sich Ihre Vorbilder, aber auch etwaige Konkurrenten bevorzugt aufhalten.

5. Besuchen Sie Branchen- oder Szenetreffs.

Je nachdem, wie interessant Ihre Tätigkeit für Dritte ist, können Sie einen Newsletter kreieren oder eine Veranstaltung konzipieren.

Türöffner Small Talk

Small Talk mögen viele Menschen nicht, sei es, weil er ihnen schwer fällt oder weil sie nicht oberflächlich daherreden wollen oder beides. Für schüchterne Menschen ist Small Talk immer eine große Herausforderung, insbesondere der mit gänzlich unbekannten Personen. Wussten Sie, dass 50 % der US-Amerikaner sich für schüchtern halten? Wenn Sie Small Talk ausweichen, wo es nur geht, oder sich unsicher fühlen – Sie sind damit nicht allein.

Es freut Sie wahrscheinlich nicht, wenn ich Ihnen sage: Um Small Talk kommt keiner herum. Sie brauchen ihn, um zum Geschäftlichen zu kommen, ohne plump mit der Tür ins Haus zu fallen und dadurch etwas kaputt zu machen oder alles zu erschweren. Um bei dem Bild der Kaltakquise zu bleiben, die vielen nicht liegt, rate ich, bei wichtigen Vorhaben das Gegenüber „anzuwärmen", d. h. für eine gute Gesprächsatmosphäre zu sorgen. Sie tun das nicht nur für den Gesprächspartner. Sie tun es vor allem für sich selbst: Je wohler sich Ihr Adressat fühlt, desto offener und zugänglicher ist er für Ihr Anliegen. Genau deshalb finden viele wichtige Besprechungen bei einem guten Essen statt.

David Letterman, TV-Legende aus den USA, soll gesagt haben: „Small Talk bedeutet, an etwas Wichtiges zu denken, während man Unwichtiges sagt." Ich widerspreche bezüglich des „Unwichtigen": Die Frage nach dem Befinden, wie die Anreise war, ob die Unterkunft in Ordnung ist, wie es dem Gesprächspartner als Neu-Berliner in Berlin gefällt, mag auf den ersten Blick und im Angesicht der Ewigkeit banal sein. Wenn diese Fragen dazu führen, dass der Betreffende sich willkommen und geschätzt fühlt, hätte es nicht besser laufen können.

Damit ist das Wesentliche schon gesagt. Es gibt unterschiedliche Zielrichtungen bei Gesprächen, wobei eines das andere vorbereitet:

- **Small Talk** zielt auf die Beziehungsebene, also auf die Gesprächsatmosphäre, ab und schafft über Sympathie erstes Vertrauen.

- **Business Talk** zielt auf die geschäftliche Information und den erfolgreichen Geschäftsabschluss ab.

Erfolgsfaktor „sich trauen"

Die wichtigste Erkenntnis ist, dass man aktiv werden muss. Die bereits zitierte ehemalige philippinische Botschafterin Dr. Domingo-Albert sagte sinngemäß im Interview: „Hätte ich immer darauf gewartet, dass andere auf mich zukommen, hätte ich es nicht so weit gebracht im Leben." Das gilt beim Kontaktknüpfen ebenso wie bei der Umsetzung von Vorhaben. Sprechen Sie andere Menschen auf Ihre Ideen an, bitten Sie um eine Einschätzung, einen Rat. Lassen Sie sich Personen, Institutionen und Organisationen benennen, die thematisch oder organisatorisch weiterhelfen können.

Was haben Sie schon zu verlieren? Bei einem „Nein" stehen Sie nicht schlechter da als zuvor. Ein Freund zitiert gerne die alte Vertriebsweisheit „Trauen Sie sich, nicht gekauft hat der Kunde schon."

Erfolgsfaktor Mensch

Sie sollten sich stets für den Menschen hinter der Funktion interessieren, Gemeinsamkeiten finden, dieselbe Sprache sprechen – in dem Sinne, dass Sie sich verstehen und Einschätzungen teilen. Das erleichtert auch den Small Talk.

Hintergrundwissen erleichtert Gespräche

Zu wissen, dass jemand begeisterter Gleitflieger ist, dabei aber einen Unfall hatte und operiert werden musste, erlaubt gezielte Nachfragen nach dem Befinden. So erfuhr ich von Dr. Heiner Geißler, Bundesminister a. D. und langjähriger Generalsekretär der CDU, dass nicht jede Baumart für Notlandungen geeignet ist.

Erfolgsfaktor: Gemeinsamkeiten

Stellen Menschen auf Anhieb Gemeinsamkeiten fest – wunderbar, denn Gemeinsamkeiten bauen Brücken. Als nach Berlin „exilierte" Baden-Württembergerin freue ich mich immer über süddeutsche Klänge, sage das natürlich auch – und schon ist man im Gespräch. Menschen aus derselben Branche, demselben Konzern erkennen den anderen am „Stallgeruch". In Schwaben arbeitet man „beim Daimler", womöglich in der dritten Generation. Da ist der Kollege aus demselben Werk fast Teil der Familie. Ich selbst erkenne Juristenkollegen als „gelernte Rechtsanwältin" meistens schon bei den ersten Sätzen. Da nicht alle

Gemeinsamkeiten offenkundig sind, hilft aktives Zuhören neben guter Recherche im Vorfeld weiter.

Erfolgsfaktor: Aktives Zuhören

Es gibt zwei grundlegende Dinge, die gute Netzwerker auszeichnen: zuhören und fragen.

Geschätzte Gesprächspartner sind diejenigen, die gut zuhören können. Ich meine nicht, um Selbstdarstellern als Bühne zu dienen. Die predigen zur Not auch vor Schaufensterpuppen. Es geht um aktives Zuhören, m. E. eine Form von Empathie. Will man ergründen, ob etwas zwischen den Zeilen mitschwingt und ggf. darauf reagieren, kann man nicht in Gedanken To-do-Listen ergänzen oder nebenbei E-Mails checken. Gute Verkäufer wissen, wie ergiebig es ist, den Kunden reden zu lassen. Man erfährt, was er braucht oder was ihn stört.

Aktives Zuhören setzt Interesse an und ein Gespür für Menschen voraus. Letzteres kann man trainieren, indem man den Blick schult. Ihr Gesprächspartner verdient überdies uneingeschränkte Aufmerksamkeit. Ich erinnere mich an eine Bekannte, die während des Gesprächs permanent in der Gegend herumschaute, ein No-go, mit der Folge, dass ich mich recht rasch von ihr verabschiedet habe.

Erfolgsfaktor: Fragen stellen

Einer meiner Chefs pflegte zu sagen: „Wer fragt, führt." Mit Fragen erreichen Sie Ihr Ziel oder kommen ihm näher. Fragen ermöglichen zudem, ein Gespräch in Gang zu bringen, es bei etwas Geschick in kniffligen Situationen in eine andere Richtung zu lenken oder ihm gar die erforderliche Wendung zu geben. Fragen im Verlauf eines Gesprächs sind stets Ausdruck von Interesse am Gesprächspartner und dessen Themen. Geschickt formuliert entfalten sie einen eigenen Charme und erreichen das Gegenüber am empfindlichsten Punkt: der Eitelkeit, von der kaum einer frei ist.

> **Offene Fragen – der Weg aus der Sackgasse**
>
> Manche sind mundfaul oder „hassen" Small Talk ebenso wie Sie. Vermeiden Sie daher Fragen, die man mit ja oder nein beantwortet kann, wenn Sie ins Gespräch kommen wollen. Auf offene Fragen kann man ausführlichere Antworten erwarten. Sie beginnen häufig mit dem Buchstaben W. Warum? Wo? Wie oft? Woher sind Sie angereist? Wie war das Wetter? Welche Präsentation hat Ihnen am besten gefallen? Welchen Netzwerken gehören Sie an?

Erfolgsfaktor: Rückfragen

Ebenso wichtig sind Rückfragen. Viele Menschen scheuen sich, bei Unklarheiten zurückzufragen. Lieber leben sie mit der Unsicherheit. Sie riskieren damit viel, nämlich falsche Ergebnisse. Es mindert Ihre Kompetenz keineswegs, wenn Sie nachfragen oder um eine zusätzliche Erläuterung, Präzisierung oder ein Beispiel bitten.

Wie oft sind wir selbst so in unserem Metier und Fachchinesisch verhaftet, dass wir nicht merken, dass wir bei anderen zu viel als bekannt voraussetzen. Es gibt zudem bekanntlich keine dummen Fragen, allenfalls solche, die nicht reflektiert wurden. Das nennt man im Badischen dann „dumm daher geschwätzt" – auch eine Todsünde.

Stolperfalle: „Wie geht es Ihnen?"

Die Frage nach dem Befinden sollte man nicht allzu wörtlich nehmen und sich davor hüten, größere und kleinere Wehwehchen aufzuzählen. Super wäre die Botschaft, in diesem Jahr vom Heuschnupfen verschont geblieben zu sein und den Sommer so richtig genießen zu können – Erfolgsfaktor: positive Botschaften.

Berichten Sie, dass Sie sich eben geärgert hätten, weil man Ihnen den letzten Parkplatz weggeschnappt und zusätzlich noch grob behindert hat, haben Sie alle Sympathien auf Ihrer Seite. Ähnlich gut kommt in der Regel der Hinweis darauf an, man sei Opfer eines großen Telekommunikationsunternehmens geworden und drei Tage außer Gefecht gewesen. Computerabstürze, Systemausfälle führen zu Sympathiebekundungen, solange nicht der Eindruck entsteht, die Person/das betroffene Unternehmen habe seine Technik und Logistik nicht im Griff.

Über die Bahn zu schimpfen, kann böse danebengehen, wenn man auf einen überzeugten Bahnfahrer stößt. Bleiben Sie lieber bei positiven Äußerungen.

Ein bunter Strauß von Small-Talk-Themen

Es gibt Menschen, die aus einem veralteten Telefonbuch vorlesen können, und dabei spannend klingen. Da das leider nicht jedem gelingt, sollte man sich im stillen Kämmerlein Gedanken machen, worüber man gerne spricht, worin man sich gut auskennt und vor allem was andere interessieren könnte. Dabei sollte berücksichtigt werden, ob der Anlass rein beruflich – am Arbeitsplatz oder in fachlichem Kontext – oder gesellschaftlicher Art ist. Letzteres erlaubt mehr Experimente und eine größere Bandbreite an Themen.

Naheliegendes – eventbezogen

Oft verkomplizieren wir Dinge, möchten besonders geistreich sein und haben dann keine Idee, was man sagen könnte. Hängen Sie also den Brotkorb ein wenig tiefer.

Rund um einen ein Event bieten sich Fragen an

- zur Location,

- zum Referenten,

- zum Veranstalter,

- zur Veranstaltungsreihe,

- zur Anreise,

- zum Inhalt und

- zur Art der Präsentation.

Manchmal entwickelt sich hieraus ein Fachgespräch, manchmal entstehen Ideen für ein Projekt, eine Kooperation oder eine gemeinsame Veranstaltung. Falls nicht, ist das auch nicht schlimm. Sie sind ja nicht aus Gründen der Kaltakquise bei der Veranstaltung. Da jeder interessante Mensch ein Geschenk ist, sollten Sie die Gelegenheit nutzen, ein zwangloses Treffen bei der nächsten Veranstaltung, einen Business Lunch, eine Golfpartie oder ein Tennismatch zu verabreden, Wer weiß, was sich daraus Interessantes ergibt.

Trauen Sie sich, seien Sie kreativ – Sie können nur gewinnen.

Tabuthemen

Wenn es darum geht, was man im geschäftlichen Kontext nicht thematisieren sollte, werden in der Regel genannt: Politik, Tod, Krankheit, Religion, gefolgt von Geld und Beziehungsproblemen.

Es geht dabei um Rücksichtnahme, also darum, das reibungslose Zusammenleben und -arbeiten zu erleichtern. Denselben Hintergrund haben Benimmregeln.

Beim Small Talk steckt dahinter das Anliegen, andere Menschen durch allzu Persönliches – Meinungen oder Erlebnisse – nicht in Verlegenheit zu bringen. Grundsätzlich ist es richtig, Stolpersteine zu vermeiden, damit der Geschäftszweck nicht gefährdet wird.

Wie immer kommt es jedoch auf die Gesamtumstände an:

- Wie groß ist der Kreis, in dem man sich unterhält,

- was ist der Anlass des Treffens,

- wie gut kennt man sich,

- wie sensibel wird das Thema angegangen?

Ich selbst führe auch am Rande von geschäftlichen Begegnungen gute Gespräche über Demenz, eine lang tabuisierte Krankheit, die mich sehr beschäftigt, da Angehörige oder Freunde betroffen waren. Dabei erlebe ich, wie froh andere sind, sich darüber austauschen zu können.

Wer nicht besonders routiniert im Small Talk und/oder Berufsanfänger ist, dem sei geraten, von sich aus die genannten Themen zu meiden und sich durch andere nicht in Diskussionen über solche Fragestellungen hineinziehen zu lassen. Da die Gratwanderung schwierig ist, sollte man sich auf unsicherem Terrain nicht selbst ein Bein stellen.

> **Small Talk – üben, aber wo?**
>
> Experimentieren Sie mit Small Talk da, wo es nicht schaden kann und Sie dementsprechend lockerer und experimentierfreudiger sind – privat oder mit Leuten, die nicht unmittelbar geschäftlich mit Ihnen zu tun haben. Und (eigentlich selbstverständlich): Seien Sie stets höflich.

Tabuthema Geld

„Über Geld spricht man nicht, das hat man", sagt viel über den Umgang mit dem Thema aus. Fragen Sie also nie, was ein Geschenk gekostet hat. Nicht nur das Verhandeln fällt vielen schwer. Es ist auch sonst ausgesprochen schwierig, über Geld zu sprechen, insbesondere im eigenen Unternehmen über das Gehalt. Manche Arbeitsverträge enthalten Klauseln, dass man sich dazu gar nicht äußern darf.

Will man vorankommen, muss man jedoch seinen Marktwert kennen. Dieser drückt sich im aktuellen Gehalt ebenso aus wie in dem, was andernorts geboten würde. Man braucht Informationen über die allgemeinen Gehaltsrechner und Brancheninformationen hinaus.

Selbst bei anscheinend transparenten Verhältnissen wie bei Tarifverträgen gibt es Optionen, die man kennen sollte. Die Gleichstellungsbeauftragte eines großen ausländischen Fernsehsenders berichtete mir vor Jahren, viele glaubten, dass bei Tarifverträgen wenig Spielraum für Ungleichbehandlung sei. Dies sei ein Irrtum: „Die Musik spielt in den Zulagen – einem Bereich, von dem die wenigsten Ahnung haben." Man braucht also Menschen, die sich auskennen. Diese werden sich nur äußern, wenn sie uns vertrauen und sich auf unser Stillschweigen verlassen können.

Typisch männliche oder weibliche Themen

Themen Männern oder Frauen zuordnen zu wollen, ist in der heutigen Zeit schwierig. Gut möglich ist jedoch, dass Männer nach wie vor mehr über Autos, Sport und Technik als über Mode und Gesundheitsfragen sprechen.

Lästerei und Beschwerden

Ein schwieriges Thema – mir springt stets sofort ins Auge, was nicht rundläuft. Da es selten gut ankommt, wenn man lästert, das Buffet, den Gastgeber oder beides kritisiert, habe ich gelernt, an mich zu halten. Naja, ich übe noch. Gelästert wird am besten nur beim „Inner Circle", der kann das einordnen, denkt ähnlich, vor allem: Er schweigt wohlwollend. Ist man mit Vertrauten unterwegs, reicht schon ein vielsagender Blick. Denken Sie daran, man begegnet sich immer zweimal, vieles wird anderen hinterbracht.

Anekdoten, Witze und Humor

Story-Telling ist in aller Munde, zu Recht, denn mit guten Geschichten kann man Inhalte leicht vermitteln und bleibt in Erinnerung. Es ist dabei wie beim Elevator Pitch: lieber kurz und knackig als langatmig. Wer keine Witze erzählen kann, schon vor dem Schluss lachen muss oder sich verheddert, sollte es einfach lassen. Selbst brillante Witzeerzähler nerven, wenn sie nicht wissen, wann sie damit aufhören müssen. Weniger ist mehr.

Humor ist ein schwieriges Terrain: Nicht jeder teilt Ihren Humor, Ihr Gegenüber versteht womöglich etwas nicht, das ein oder andere gerät in den falschen Hals. Blondinenwitze, Witze über Minderheiten oder Volksgruppen wie die Ostfriesen oder geizige Schwaben, aber auch anzügliche Pointen sind gerade in geschäftlichem Kontext ein No-Go. Je nachdem, wie schlagfertig man ist, sollte man darüber hinwegsehen oder smart kontern. Es schadet zudem nicht, über sich selbst lachen zu können.

Tagesaktuelles und das liebe Wetter

Was unter „Vermischtes" in der Zeitung steht, was gerade die Branche, die Community, den Verein, die Stadt oder die Nation bewegt, was Sie kurz vor einer Veranstaltung im Autoradio hören, im Web lesen, die Bücher der Bestsellerlisten – das alles kann ein guter Gesprächsaufhänger sein.

Immer ergiebig, das Wetter, denn dazu hat jeder eine Meinung. Man darf sich nur nicht zu lange damit aufhalten.

Themen am Rand geschäftlicher Meetings

Am Rand geschäftlicher Meetings müsste Small Talk am leichtesten fallen: Man kennt die meisten Gesprächsteilnehmer, es gibt i. d. R. eine Tagesordnung, die Themen sind bekannt – wie gut man sich damit auskennt, steht auf einem anderen Blatt. Jedenfalls gibt es genügend fachliche Anknüpfungspunkte für Unterhaltungen vor und nach der eigentlichen Besprechung:

- erfragen, was unter „Verschiedenes" behandelt wird,

- nachfragen oder sich etwas genauer erklären lassen,

- eine Anregung geben, die Sie im Meeting leider nicht geäußert haben – im Grunde schade, Sie hätten sich womöglich profilieren und Ihr Können unter Beweis stellen können,

- sich neuen Kollegen vorstellen oder darum bitten, vorgestellt zu werden,

- nach dem Stand eines Projekts fragen,

- daran erinnern, dass man Ihnen etwas schicken wollte, erwähnen, dass in anderer Sache Gesprächsbedarf besteht etc.

Es bietet sich vor allem die zwanglose Frage an, ob man noch in die Kantine geht oder zum Chinesen nebenan oder noch einen Latte am Automaten zieht. Keith Ferrazzi predigt aus gutem Grund, man solle nie alleine essen.

Vom Small Talk zum Business Talk

Wer zu lange beim Small Talk bleibt, steht spätestens dann dumm da, wenn der Gesprächspartner plötzlich aufbricht, bevor man sein Anliegen formulieren konnte. Unangenehm auch, wenn Sie mit Ihren Themen noch nicht durch sind. Seien Sie also stets gut vorbereitet (Gesprächsnotiz, Gedankenstütze etc.) und stringent in der Gesprächsführung. Wenn Sie nicht wissen, wie lange sich Ihre Gesprächspartner mit Ihnen unterhalten werden – und das wissen Sie bei Begegnungen ohne festen Anfangs- und Schlusszeitpunkt nie –, sollten Sie zügig zum „geschäftlichen Punkt" kommen.

Wann man den Schwenk machen kann, hängt von der Situation und Ihrem Fingerspitzengefühl ab. Wie man den Einstieg zum Ausstieg aus dem Small Talk ohne Bruch hinbekommt, kann man lernen. Der Einwurf „Über Ihre Australienreise sollten wir unbedingt bei einem Mittagessen weitersprechen, das klingt ja spannend. Für den Augenblick brennt mir allerdings … auf den Nägeln" ist ebenso geschickt wie „Entschuldigen Sie, wenn ich Sie unterbreche, sonst vergesse ich noch … auszurichten oder Sie … zu fragen." Ihr Gegenüber soll sich nicht „abgewürgt" fühlen. „Darf ich Sie etwas ganz anderes fragen?" mag nicht nach dem großen Wurf klingen, hat mir jedoch oft geholfen, die Kurve zu bekommen.

Gesprächsende durch eleganten Rückzug

Wollen Sie einen Gesprächspartner loswerden, lassen Sie ihn nicht abrupt stehen, sondern bitten Sie um Verständnis, Sie müssten dringend mit Ihrem Büro sprechen, könnten jetzt einen Kunden erreichen, der auf Nachricht warte, oder Sie müssten nachsehen, wo Ihr Chef bleibe, man wolle sich treffen. So oder so ähnlich funktioniert der elegante Rückzug. Stellt sich heraus, dass man eine wichtige Person vor sich hatte, ist man darüber froh.

Gefragter Gesprächspartner statt Mauerblümchen

Diverse Small-Talk-Themen haben Sie parat, das eine oder andere Anekdötchen im Rucksack, kurz: Sie haben Gesprächs- und Small-Talk-Routine erworben. Nun kommt die nächste Stufe der Professionalisierung: Werden Sie ein noch interessanterer Gesprächspartner. Es geht um Ihre Performance über den einzelnen Gesprächsanlass hinaus und Ihre Inhalte.

Erfolgsfaktor USP

Mein Kollege Jon Christoph Berndt spricht von „Human Branding", empfiehlt, eine Marke zu sein. Eine Marke ist das, woran andere denken, wenn ein Name oder ein bestimmter Begriff fällt. Die besten Marken haben eine klare Botschaft. Eine Marke zeichnet etwas Besonderes aus, das die Marketingleute „USP" nennen: Unique Selling Point.

Bei unserer ersten Begegnung – einer Podiumsdiskussion auf der WomenPower 2008 – verlieh Jon Berndt mir spontan seinen Button mit dem ®, dem Zeichen für eingetragene Marken, mit der schmeichelhaften Anmerkung, ich sei eine Marke – Glück gehabt … Ich habe nachgefragt, weshalb er das tat. Es war eine Kombination aus vielem:

Die äußere Erscheinung, die badische Klangfarbe, meine Themen, meine Engagement. Sie sehen: Eine Marke zu sein hat ebenso mit Inhalten wie mit Ausstrahlung zu tun. Beides muss man sich erarbeiten. Zu polarisieren spricht für eine starke Marke.

- Woran denken Menschen im Job, wenn Ihr Name fällt?

- Was macht Sie einzigartig und damit interessant?

- Worin sind Sie Experte, besonders begabt, besser oder anders als andere?

- Haben Sie besondere Fach- oder Sprachkenntnisse, waren Sie im Ausland?

- Sind Sie ehrenamtlich tätig?

- Haben Sie ein ausgefallenes Hobby?

- Wofür stehen Sie?

- Sind Sie ein Problemlöser, ein Organisationstalent, der EDV-Experte der Abteilung?

- Worin sind Sie (beinahe) Experte?

Machen Sie sich hierzu Gedanken und Notizen. Studierende oder Berufsanfänger denken häufig, sie hätten nichts zu bieten. Warum eigentlich? Engagement und vielseitige Interessen sind doch für den Anfang nicht schlecht. Stellen Sie Ihr Licht nicht unter den Scheffel. Lesen Sie auf S. 88 nach, was Frau Prof. Allmendinger hierzu sagt.

Pflegen Sie Ihr Image

Profil, Image, Reputation, Bekanntheitsgrad – diese vier Begriffe überschneiden sich teilweise. Sie drehen sich darum, von wie vielen und wie Sie im Job von anderen wahrgenommen werden. Das berufliche **Profil** hat mit fachlicher Ausrichtung und zugehöriger Fachkompetenz zu tun. An ihm kann man arbeiten, es fortentwickeln, indem man Schwerpunkte setzt, zusätzliche Fachexpertise aufbaut, mit anderen vernetzt ist, die das eigene Angebot ergänzen. Sorgen Sie dafür, dass Ihr Profil mehr ist als die Beschreibung Ihres aktuellen Jobs, wenn Sie vorankommen wollen.

Neben dem Fachlichen wirken sich auch Ihre Einstellung und Ihr Werteverständnis auf das Gesamtbild aus.

- Wofür stehen Sie?

- Was ist Ihnen wichtig?

- Mit welcher inneren Haltung machen Sie Ihren Job?

Davon leiten sich **Image** und **Reputation** ab. Freunde, Bekannte und Kunden sagen mir hohes Engagement für sie und für meine Themen nach. Sie sprechen zudem von Zuverlässigkeit, Durchhaltevermögen, Ideenreichtum, Begeisterungsfähigkeit und Loyalität. Loyalität ist übrigens ein wichtiger Aspekt beim Netzwerken.

Versuchen Sie, stimmig und authentisch zu sein, sonst verlieren Sie an Glaubwürdigkeit. Andere merken schnell, wenn jemand nicht „echt" ist. Zudem macht es wenig Freude, sich zu verbiegen. Was Sie dürfen und tun sollten: von anderen lernen. Übernehmen Sie, was zu Ihnen passt, ohne ein fantasieloses Imitat zu werden oder einfach nur abzukupfern. Arbeiten Sie an Ihren Stärken, machen Sie etwas aus Ihrem Talent. Das ist effizienter, als bevorzugt an den Schwächen herumzudoktern.

Machen Sie allein oder besser noch mit einer befreundeten Person zusammen eine Auflistung dessen, was an Ihnen speziell ist – lassen Sie dabei auch scheinbar Unwichtiges nicht außen vor.

Übung: Die Marke ICH

- *Schreiben Sie mindestens sieben Begriffe (Eigenschaften, Fähigkeiten etc.) auf, mit denen Sie beschrieben werden wollen.*
- *Fragen Sie vertraute Personen, welche Attribute diese Ihnen zuschreiben.*
- *Lassen Sie sich Referenzen oder bei günstigen Anlässen wie einem Vorgesetztenwechsel ein Zwischenzeugnis geben.*

Was immer dabei herauskommt: Es bringt Sie zum Nachdenken. Sie sollten zudem wissen: Das Fremdbild, das andere von uns haben, ist immer besser als das Selbstbild. Das klingt doch ermutigend für alle, die an sich zweifeln?!

Jeder Mensch hat besondere Begabungen. Manchmal müssen sie noch entdeckt werden, manchmal muss man sich erlauben, zu ihnen zu stehen. Nicht immer ist das einfach, wenn z. B. künstlerische Neigungen eine neue berufliche Orientierung erfordern, keiner das versteht und zudem der kommerzielle Erfolg (zunächst) ausbleibt.

Manchmal macht man aus der Not eine Tugend und ist dabei ungeheuer erfolgreich. Lassen Sie mich von einem jungen Unternehmer berichten, den zu kennen ich die Freude habe:

Das Gesicht zur Marke

Symbiose aus Familientradition und frischem Wind

Die traditionsreiche KRONEN Manufaktur GmbH, eine über hundertjährige Krawattenmanufaktur, die Kaiser, Könige und die gute Gesellschaft (international) beliefert hat, stand beinahe vor dem Konkurs. Der Patenonkel übergibt das Ruder an den Patensohn – ähnlich wie im Fall Darboven, dort allerdings erfolgte die Aufnahme des Neffen in ein prosperierendes Unternehmen. Beide Male: eine gelungene Wahl des Nachfolgers. Beide haben die Unternehmen zu neuer Blüte geführt – mit Fleiß und Kreativität.

Jan-Henrik Scheper-Stuke stand bei Kronen vor leeren Kassen, null Budget für Marketing. Der Kommunikationsfachmann entschied sich für Guerilla-Marketing, machte sich selbst kurz entschlossen zum Gesicht der Marke Edsor. Was wirkt überzeugender als ein Inhaber eines Unternehmens, der die Philosophie des Hauses mit Stil und Eleganz lebt? Eine Berliner Erfolgsgeschichte … Seine Krawatten trägt der deutsche Bundespräsident ebenso wie der von seiner klugen Gattin Michelle in Modefragen bestens beratene US-Präsident Obama. Ich selbst bin „infiziert": Durfte ich doch Seiden- und Kashmirstoffe befühlen, Muster betrachten, die neue Kollektion sehen …

Bekanntheitsgrad

Für jeden ist wichtig, an seinem **Bekanntheitsgrad** zu arbeiten. „Sehen und gesehen werden" ist dabei ein recht simpler Baustein. Gemeint sind jedoch nicht irgendwelche

Veranstaltungen, sondern die richtigen, da wichtigen. Schauen Sie, dass Sie auf entsprechende Verteiler kommen und eingeladen werden. Übernehmen Sie Aufgaben, bei denen Sie im Netzwerk sichtbar sind. Wird etwas im Team erarbeitet, drücken Sie sich nicht davor, das Ergebnis zu präsentieren. Erfolg wird am ehesten dem zugeschrieben, der sichtbar ist. Das hat nichts damit zu tun, sich mit fremden Federn zu schmücken. Übernehmen Sie die Präsentation nicht, tut es ein anderer. Im Zweifel ärgern Sie sich, weil Sie es besser gekonnt hätten oder eine Chance verpasst haben. Veröffentlichen Sie Fachartikel, schreiben Sie Beiträge für die Mitarbeiterzeitung, das Clubmagazin.

Profilieren Sie sich mit Zuverlässigkeit, Umsicht und am besten mit guten Ideen – über den Tellerrand schauend, kein *Nein* einfach so akzeptierend. Es ist immer wieder erstaunlich, was möglich ist: „Wo ein Wille ist, ist auch ein Weg", weiß der Volksmund. Experten sagen: Wir überschätzen, was wir in einem Jahr schaffen können, und unterschätzen, was wir in zehn Jahren hinbekommen.

Schnelligkeit und Langweiler

Schnelle Reaktionen sind wichtig. Die modernen Kommunikationsmittel ermöglichen und verlangen sie. Meine erfolgreichsten Gesprächspartner beantworten Anfragen oder Informationen binnen weniger Stunden – kurz und knapp. Bestens organisiert checken sie ihre E-Mails zwischendurch. Ich komme mit der Ultrakurz-Kommunikation gut klar, die in einem bloßen *Ja* oder einem Smiley gipfeln kann. Die Basis ist Vertrauen in Person und Kompetenz.

Langweilig zu sein, nichts zu sagen zu haben und dieses Nichts zum Besten zu geben, schadet. Esprit und Charme werden nicht allen in die Wiege gelegt. Als Langweiler zu gelten, ist jedoch selbstverschuldet: Er gibt sich nicht genug Mühe. Wer meint, er müsse akzeptiert werden, wie er ist, nimmt sich zu wichtig. Hierzu eine meiner Lieblingsgeschichten aus dem legendären Film „Quo vadis" mit Sir Peter Ustinov als Nero.

Petronius erteilt Kaiser Nero eine Lektion

Petronius, am Kaiserhof zuständig für Geschmacksfragen, kommt der Ermordung durch Nero zuvor. Beim Abschiedsessen für seine Freunde lässt er sich von seinem Arzt die Pulsadern öffnen. In den verbleibenden Minuten diktiert er einen Abschiedsbrief an Nero, den dieser zunächst als Huldigung an ihn, den Kaiser – als Dichter und Sänger – empfindet. Petronius schreibt, er verzeihe ihm, dass er die Christen verfolgt und umgebracht habe, er verzeihe ihm, dass er Rom angezündet habe, um es besingen zu können, was er ihm jedoch nicht verzeihe, sei, dass er ihn unendlich gelangweilt habe …

Gute Erzähler, die meistens auch gute Beobachter sind, die ihre Beobachtungen „verwerten", stehen häufig im Mittelpunkt. Das ist nicht jedem gegeben und muss auch nicht das primäre Ziel sein. Wichtig ist, Chancen zu nutzen, wenn man irgendwo dabei ist. Das bedeutet, sich am Geschehen zu beteiligen.

Jede geschäftliche Begegnung bietet Ihrer Kompetenz eine Bühne. Seien Sie sichtbar und hörbar: Sprechen Sie laut und deutlich und mit fester Stimme. „Im Brustton der Überzeugung" klingt antiquiert, trifft aber den Kern.

Leises Sprechen strengt die Zuhörer an. Inhalte gehen häufig schon deshalb unter. Natürlich bleibt es Ihnen bei einem Vortrag oder einer Präsentation unbenommen, mit der Stimme zu spielen: Mal lauter und mal leiser zu sprechen, erzeugt Aufmerksamkeit. Was gar nicht geht, ist Gesäusel, womöglich verbunden mit entsprechendem Augenaufschlag – das hat im Geschäftsleben nichts zu suchen.

Übung: Veranstaltungen aktiv nutzen

Treffen Sie mit sich selbst die Verabredung, ab sofort bei jeder Veranstaltung mindestens eine Person anzusprechen – möglichst eine bis dahin unbekannte – und sich im Plenum einmal zu Wort zu melden.

Letzteres lebte mein klügster Referendarskollege vor. Er schloss mit dem besten Zweiten Juristischen Staatsexamen in Baden-Württemberg ab und brachte es bis zum Professor.

Auf den Punkt gebracht

Wir lernen täglich Menschen kennen. Ob ein längerfristiges Interesse an ihnen entsteht, entscheidet sich bereits in den ersten Sekunden an den Kriterien: sympathisch – unsympathisch, interessant – langweilig. Achten Sie daher auf Ihr Auftreten sowie ein gepflegtes Äußeres und freunden Sie sich mit Small Talk an: Er ist der Türöffner zum Business Talk ebenso wie zu privaten Freundschaften.

Schritt 5: Kontakte erfolgreich nutzen

Kontakte sind dazu da, etwas aus ihnen zu machen, einen Mehrwert zu schaffen. Wie das geht, haben Sie zum Teil schon erfahren. Bei jedem Geschäftskontakt gibt es Optionen über den konkreten Anlass und das rein Geschäftliche hinaus. Also haben Sie Ihre Fragen parat! Und vergessen Sie nicht ein freundliches persönliches Wort für den Sitznachbarn, ein ehrlich gemeintes Kompliment für die gelungene Präsentation, einen Bericht, den nachträglichen Glückwunsch zum Geburtstag oder zum Nachwuchs.

Objekt der Begierde: Informationen und Empfehlungen

Wir leben in einer Informations-, Wissens- und Dienstleistungsgesellschaft. Informationen sind ein kostbares Gut, um das gebuhlt wird. Hiervon unterscheide ich (Fakten-)Wissen. Man sollte das nicht verwechseln. Mit Wissen wird i. d. R. anders umgegangen als z. B. mit Informationen strategischer oder politischer Natur.

Geteiltes Wissen bereichert

Wissen ist ein Rohstoff, der nicht weniger wird, wenn man ihn teilt. Lassen Sie andere an Ihrem Erfahrungsschatz und dem darin verankerten Wissen teilhaben. Es macht Freude zu sehen, wie andere ihre Aufgaben dadurch besser oder schneller lösen können.

Natürlich dürfen Sie keine Geschäftsgeheimnisse ausplaudern, Patente gefährden etc. Sie sollten jedoch Jüngere oder Unerfahrenere von Ihrem Wissensvorsprung, Spezialwissen oder der größeren praktischen Erfahrung profitieren lassen.

Da es stets einer Übereinkunft über den Wissenstransfer bedarf, darf man sich Wissen nicht einfach zueignen. Plagiatoren stehlen geistiges Eigentum. Urheberrechtsverstöße sind strafrechtsrelevant und lösen ggf. Schadensersatzpflichten aus.

Einen kennen, der etwas weiß

Jemanden zu kennen, der über ein vorzügliches Telefonbuch verfügt, ist großartig. Ebenso hilfreich sind Menschen mit einem großen Fundus an eigenem Wissen und der Kenntnis, „wo es steht".

Einen Teil meiner Referendarausbildung verbrachte ich im Umsatzsteuer-Referat der Oberfinanzdirektion Freiburg. Dort gab es einen altgedienten Mitarbeiter, der mit seinem „Faulenzer" fast jedes Problem lösen konnte: Über Jahre hatte er in diesem dicken Wälzer, den er wie seinen Augapfel hütete, Kommentierungen, Urteile etc. gesammelt. Er war als Kapazität anerkannt und geschätzt für seinen Teamgeist.

Eine unangenehme Wissenskategorie ist das sog. Herrschaftswissen. Das sind zurückgehaltene oder wohl dosiert weitergegebene Informationen – ein gängiges Mittel, um Mitarbeiter uninformiert und damit klein zu halten.

Empfehlungen sind großartig, wenn sie etwas taugen. Wollen Sie keine böse Überraschung erleben, schauen Sie sich denjenigen, der Ihnen einen Rat gibt genau an – nach dem Motto: Trau, schau, wem?

Drei Empfehlungen

Eine kluge Nachwuchswissenschaftlerin tat intuitiv das Richtige: Sie bat ihren Mentor, ihr drei interessante Gesprächspartner zu empfehlen. Eine solche Bitte kann man in fast jedem Kontext aussprechen. Viel spricht dafür, dass gute Gespräche dabei herauskommen, da der Mentor/Vermittler einschätzen kann, ob die Chemie stimmt.

Bei eigenen Empfehlungen achte ich auf Transparenz. Das heißt, ich weise darauf hin, wie gut ich eine Person oder ein Thema kenne. Es ist ein großer Unterschied, ob man jemanden seit Jahren kennt, mit ihm zusammengearbeitet hat oder nur im selben Verein/Betrieb ist oder sich bei einem Event getroffen hat. Je flüchtiger der Kontakt, desto weniger sollte man über Menschen sagen. Doch selbst die Aussage „… macht einen seriösen Eindruck, ist sympathisch" ist hilfreicher als blindes Auswählen aus Branchenverzeichnissen.

Auch das passiert: Irren ist menschlich

Trotz aller Vorsicht sah ich mich schon veranlasst, mich zu entschuldigen, da ich, nichts Böses ahnend, eine Rat suchende Unternehmerin, Preisträgerin eines Berliner Awards, meinem Netzwerk anempfohlen hatte – eine Schmarotzerin. Sie konnte nicht Fuß fassen und wurde schnell aussortiert.

Netzwerke verbinden und integrieren – sie schließen aber auch aus:

> **! Ausschlussfunktion**
>
> Netzwerke entfalten als Verbund von Personen oder auch Unternehmen/Organisationen gegenüber Externen mehr oder weniger strikt eine Ausschlussfunktion auch zum Schutz der Mitglieder. Wenn die Ausschlussmacht missbraucht wird, wie bei illegalen Kartellen, erleiden andere Schaden.

Erfolgsfaktor: Rat suchen

Die Vorzüge des Fragens habe ich schon erörtert. Rat zu erbitten, ist die praktische Konsequenz. „Wer nicht fragt, bleibt dumm!", sagte ein Vorgesetzter gerne. Viel eleganter formulierte der geschätzte Abtprimas der Benediktiner, Dr. Notker Wolf, bei unserem Interview in Rom: „Der Hl. Benedikt sagte so schön: ‚Tue nichts ohne Rat, dann brauchst Du hinterher nichts zu bereuen'."

Das erlaubt nicht, dem Ratgeber die Schuld zuzuweisen, wenn etwas schiefläuft. Gemeint ist, alle relevanten Informationen und Einschätzungen für eine vernünftige Entscheidung einzuholen. Oft ist es hilfreich, mit mehreren zu sprechen. Zu viele Köche verderben allerdings den Brei und verunsichern. Letztlich muss man Entscheidungen selbst treffen. Gehen Sie in heikleren Fällen vorsorglich indirekte Wege: Bitten Sie einen Gesprächspartner nicht um Hilfe, wenn Sie dafür nichts anbieten können. Erbitten Sie seinen Rat: Fragen Sie, ob er/sie jemanden kennt, der sich in ei-

nem bestimmten Segment auskennt und vielleicht weiterhelfen könnte. Das ermöglicht dem anderen nachzudenken, ggf. einen eleganten Rückzug, und verhindert ein
voreiliges Nein. Beide Seiten sollten immer das Gesicht
wahren können. „Wie würden Sie das angehen?" kann
der Schlüssel zur Schatzkammer sein.

Diplomatisch nachfassen

Schließen Sie unbedingt die Frage an, wann Sie nachfragen
dürfen. Die Antwort „Ich melde mich" muss kein schlechtes Zeichen sein. Betrachten Sie sie als indirekte Aufforde-
rung, die entsprechende Rückfrage im Kalender vorzumer-
ken. Welcher Zeitabstand richtig ist, lässt sich nicht
pauschal beantworten. Eines ist sicher: Es schadet, wenn
Sie aufdringlich werden, indem Sie ständig anrufen oder
per E-Mail nachfassen.

Ist der Gesprächspartner jedoch über einen längeren Zeit-
raum nicht zu sprechen, lässt er/sie sich offenkundig vom
Sekretariat oder einem Kollegen verleugnen, ist dies leider
eine klare Antwort. Gut, wenn Sie parallel weiter am Ball
geblieben sind. Man sollte sich nie auf eine einzige Person
als „Problemlöser" kaprizieren, sie kann nicht wollen oder
nicht können, beides ist bitter.

Erfolgsfaktor Feedback-Geben

Wenn ich mich für andere Menschen bemüht, recherchiert,
Kontakte hergestellt, Arzt-/Spezialanwaltsempfehlungen
eingeholt, einen Ratschlag erteilt habe, ärgere ich mich,
wenn danach Stille im Wald ist. Das geht anderen ähnlich.

Irgendwann hört der Support auf, wenn sich das wiederholt.

Ich gebe Rückmeldungen auch dann, wenn etwas nicht funktioniert hat – ohne Vorwurf, nur als Information, damit der Ratgeber kein zweites Mal schiefliegt mit seiner Empfehlung. Wer sich dies nicht traut, sollte zumindest den Mund halten und sich nicht über den Ratgeber bei Dritten beschweren. Das ist ganz schlechter Stil.

Verkanntes Erfolgsprinzip: gutes Benehmen

Über fehlende Manieren klagte der Philosoph Aristoteles schon im 3. Jh. v. Chr.: „Ich habe überhaupt keine Hoffnung mehr in die Zukunft unseres Landes, wenn einmal unsere Jugend die Männer von morgen stellt. Unsere Jugend ist unerträglich, unverantwortlich und entsetzlich anzusehen."

Auch heutzutage kommt nassforsches Auftreten von Jungspunden – egal ob männlich oder weiblich – selten gut. Schlechtes Benehmen auch nicht. Manche Menschen halten sich für souverän, dabei sind sie nur peinlich und schießen sich damit ins Knie. Das gilt übrigens für alle Altersgruppen. Man muss immer fragen: Wer will was von wem? Niemand muss uns einen Gefallen tun. Tut er es, was für ein Geschenk!

In diesem Kontext passt meine Beobachtung, dass die ebenso simplen wie wichtigen Worte „bitte" und „danke" aus der Mode gekommen sind. Für mich gehören sie zum professionellen Umgang miteinander dazu – auch privat.

Höfliche und zuvorkommende Menschen nehmen mich für sich ein. Das geht den meisten so. Damit sind nicht sich anbiedernde Schleimer gemeint. Letztere sind häufig anzu-treffen als Entourage von Pop-Stars, Politikern, Wirtschafts-führern und anderen Prominenten. Ihr Tun wird jedoch selbst von denen durchschaut und häufig verachtet, die es geschehen lassen.

Erfolgsfaktor: Bitten

„Wie heißt das Zauberwort?" wird mahnend gefragt. „Bit-te" ist gemeint. Bitten Sie, fordern Sie nicht, schon gar nicht, wenn Sie keinen Anspruch auf etwas haben – und den haben Sie beim Netzwerken selten. Auch macht der Ton die Musik.

Übung: Der kleine Unterschied

Formulieren Sie eine Bitte einmal mit, einmal ohne „bitte". Sagen Sie z. B. laut vor sich hin „Bringen Sie mir (bitte) eine Brezel vom Bäcker mit." Merken Sie den Unterschied nicht gleich, dann testen Sie eine gewichtigere Bitte am lebenden Objekt.

Erfolgsfaktor Danken und Dankbarkeit

Soll ein „Dankeschön" keine bloße Floskel sein, gehört Dankbarkeit dazu – eine Grundhaltung, die dazu führt, anderen etwas Gutes tun zu wollen. Die Ausgeglichenheit der Beziehungsbilanz erfordert, sich zu revanchieren, wenn es möglich ist – sofort oder später –, bzw. zumindest den Willen dazu erkennen zu lassen

Geben – nicht immer sofort möglich

*Prof. Jutta Allmendinger, Präsidentin des Wissenschafts-
zentrums Berlin, sagte mir seinerzeit im Interview: „Ich sehe
es an mir selbst, ich gebe jetzt nach 20 Jahren meinem
Doktorvater einiges von dem zurück, was er mir damals
gegeben hat. Geben und Nehmen geht nur in der zeitli-
chen Verschiebung, wenn wir von Nachwuchsförderung
sprechen. Ich glaube, dass wir in der heutigen Gesellschaft
zu viel an das Hier und Jetzt denken und an kurzfristige
Rückgabe dessen, was man gibt, ohne sich klar zu machen,
dass man noch 40 Jahre lebt und auch dann diese Kontakte
noch braucht."*

Auch beim Netzwerken gilt: Die kleinen Dinge machen den
Unterschied. Sie kosten häufig kein Geld, sondern resultie-
ren aus Aufmerksamkeit und Respekt:

Eigenhändige Unterschrift macht den Unterschied

*Besonderen Verdiensten zollt er besonderen Respekt: Der
baden-württembergische Schraubenkönig Prof. Reinhard
Würth, Würth Group, erklärte in einem Vortrag am
15.05.13, dass vermeintliche Kleinigkeiten den Unterschied
machen: Er verzichtete auf die Unterschriftsmaschine und
unterzeichnete 600 Dankesbriefe an verdiente Mitarbeiter
selbst. „Unsere Außendienstler sind schlau, die sehen den
Unterschied sofort."*

Häufig danken Menschen für mein Dankeschön. Nach
einem Vortrag hatte mir die Referentin eines renommierten
Business Clubs einen Bericht im Club-Magazin zugesagt. Es
kam mit nettem Anschreiben. Kurzerhand ein Dankeschön
darauf notiert und zurückgefaxt. Kurz darauf rief sie an,

dankte ihrerseits und bemerkte, sie übermittle in Beiträgen Erwähnten stets das Clubmagazin, doch nur selten werde gedankt.

Mailt man Ihnen etwas zu, ist rasch „Besten Dank" zurückgemailt. Kennt man sich gut, kann schon einmal auf Anrede und Grußformel verzichtet werden. Besser ist „Mit herzlichem Gruß und Dank". So viel Zeit muss sein, schließlich hat sich jemand die Mühe gemacht, etwas für Sie auf den Weg zu bringen, egal ob das ein Dienstleister, Mitarbeiter oder die Mutter ist.

Erfolgsfaktor: Extravaganz

Will man sich für einen außerordentlichen Gefallen, ein besonders wertvolles oder kreatives Geschenk bedanken, sollte man ordentlich Hirnschmalz verbraten. Ist mir etwas oder jemand sehr wichtig, schreibe ich auf gutem Papier oder einer extravaganten Kunstkarte aus meinem Fundus mit dem Lieblingsfüller von Hand. Handgeschriebene Briefe und Kuverts sind mittlerweile so selten, dass sie immer gut ankommen. Jedenfalls landen sie nicht im Spamordner des E-Mail-Accounts. Für alle, die auf Haptik und Optik reagieren, ist edles, gut gestaltetes Papier in Händen zu halten, eine ästhetische, ja sinnliche Angelegenheit. Wer in Erinnerung bleiben will, muss sich etwas Besonderes einfallen lassen.

Private Extravaganz

Vor Zeiten amüsierte mich bei einer privaten Extravaganz ein ungeahnter Nebeneffekt: Parfümierte Briefe hatten einen Postboten – angesichts der Außergewöhnlichkeit der

Idee (jedenfalls in der heutigen Zeit) – zunächst irritiert, dann zu einem Parfumkauf für die Liebste inspiriert und später, als die Briefe ausblieben, zur besorgten Nachfrage veranlasst, was los sei … Wer plötzlich in derselben Stadt oder gar zusammenlebt, schreibt sich viel zu selten.

Zu duftender geschäftlicher Post später mehr.

Grundprinzip: Geben und Nehmen

Der berühmte Autor Zig Ziglar soll gesagt haben: „Was Du träumen kannst, kannst Du erreichen. Du erreichst alles im Leben, wenn Du genügend anderen Leuten hilfst zu bekommen, was sie möchten."

Geben und Nehmen im Einklang

Jeder gibt, jeder nimmt, jeder ist auf Unterstützung angewiesen. Geben und Nehmen sollen ebenso im Einklang sein wie Yin und Yang in der chinesischen Philosophie.

Sicherlich ist es für Neulinge in einem Netzwerk von Vorteil, wenn nicht gar geboten, „in Vorleistung" zu gehen, d. h. dem Netzwerk oder einzelnen Mitgliedern behilflich zu sein. Jeder Neuling befindet sich zunächst auf dem Prüfstand und muss sich als wertvoller Teil der Gemeinschaft erweisen.

Mit dem weitverbreiteten Irrtum, dass Gutes einem immer von der Person „vergolten" wird, der wir das Gute taten, muss ich aufräumen: Manchmal wird von ganz anderer Seite „entlohnt". Sehr oft kommt etwas anderes zurück als das Erwartete, manchmal Jahre später. Und manchmal, gibt es gar nichts … Aus Undank oder weil der andere keine Möglichkeit dazu hat. Klar muss zumindest sein, dass man zu geben bereit ist.

Es empfiehlt sich, in jeder Situation möglichst das zu tun, was wir für sinnvoll und ethisch richtig halten, und dabei nicht primär auf den Rückfluss zu schielen, auch wenn dieser wünschenswert ist.

Die Wirtschaftswoche berichtete passend hierzu im Juli 2013, dass Adam Grant, der jüngste Professor an der Wharton School in Philadelphia und Autor von „Give and Take", Berufstätige in drei Kategorien einteilt: Giver = Gebende, Matcher = Vergleichende und Taker = Nehmende. Er kommt zu dem Ergebnis: Obwohl die Gebenden häufig ganz unten auf der Karriereleiter stehen, während sich Nehmende und Vergleichende eher im Mittelfeld tummeln, dominieren Gebende doch auch die Spitze: Mit ihnen sei die Zusammenarbeit leichter, weil sie an alle denken und auch dann helfen, wenn für sie kein unmittelbarer Nutzen ersichtlich ist. So bauen sie ein Netzwerk auf, das sich mit ihnen verbunden fühlt.

Vorsicht Umweg-Rendite

Etwas anders gelagert sind die Konstellationen, in denen der Soziologe Dr. Reinhard Kreissl von der sog. Umweg-Rendite spricht. Er meint damit Fälle, in denen zu vergütende Leistungen unentgeltlich oder zu einem „Freundschaftspreis" in der Hoffnung erbracht werden, zu einem späteren Zeitpunkt oder an anderer Stelle des Netzwerks auf Empfehlung gegen marktübliches Honorar tätig zu werden. Selbstständige und Freiberufler können ein Lied davon singen. Lassen Sie sich nur, wenn er greifbar ist, mit einem Marketing-Effekt ködern.

Ähnlich ist die Situation der „Generation Praktikum". Statt unbezahlter Zweit- oder Drittpraktika sollten angemessen vergütete Alternativen gesucht werden.

Zu viel geben – zu wenig bekommen

Manchmal höre ich vorwurfsvolle Klagen: „Ich bekomme zu wenig zurück, ich stecke zu viel Zeit/Energie in Vorhaben/Menschen." Zunächst stellt sich die Frage: Woher wissen Sie, dass Sie zu wenig bekommen? Könnten es auch überzogene Ansprüche an den „Gegenwert" sein? Liegt eine falsche Einschätzung des „Wertes" Ihres Einsatzes vor? Waren Sie zu ungeduldig? Oder sind Sie gar ein Kümmerer mit Helfersyndrom und damit selbst dafür verantwortlich, dass man Ihnen alles aufbürdet? Das können nur Sie wissen.

Fragt man nach, stellen die Betreffenden meistens staunend fest, es kommt doch eine ganze Menge zurück. Vielleicht ist anfängliche Fehleinschätzung ein Zeichen unzureichender Wertschätzung, die sie anderen und deren Leistungen entgegenbringen. Auf jeden Fall zeigen solche Fehleinschätzungen, dass keine oder keine fundierte Netzwerkevaluierung stattgefunden hat (s. Schritt 7).

Bei allem Respekt vor Hilfsbereitschaft – man sollte auch an sich denken. Wer ständig Kollegen über Gebühr hilft, kommt mit der eigenen Arbeit in Verzug.

Das Erfolgsrezept lautet:

* Nicht auf jeden Zug aufspringen,

* Prioritäten setzen,

* auch an sich selbst denken und

* Neinsagen lernen, auch wenn das schwerfällt.

„Everybody's Darling is everybody's fool" oder: Depp – diesen saloppen, aber wahren Spruch kennen Sie. Eine nahestehende Person erfand vor Jahren den schönen deutschen Begriff „Freundlicher Idiot". Als solcher dürfen Sie nicht gelten. Sie müssen im Job nicht geliebt, sondern respektiert und geachtet werden.

Probieren Sie das Neinsagen aus, höflich, aber bestimmt oder bieten Sie nur eine kleine Hilfestellung an. Zum Üben reicht auch: „Ich bin selbst im Druck, aber morgen früh habe ich eine halbe Stunde Zeit.". Mal ehrlich: Wir kennen unsere Pappenheimer doch, die unsere Gutmütigkeit ausnutzen, alles auf den letzten Drücker machen und dadurch immer in (Zeit-)Not sind. Ich garantiere Ihnen: Sie werden ob eines Neins nicht ausgeschlossen, sind auch kein „Kollegenschwein". Es war im Zweifel überfällig, Grenzen aufzuzeigen. Ihre Zeit ist so kostbar wie die anderer.

Die eingesparte Zeit nutzen Sie für ein Extra-Stündchen Karriereplanung, Kontaktpflege oder süßes Nichtstun zur Entspannung: Gehen Sie ein Eis essen und üben Sie in der Eisdiele, dem Kaffeehaus oder auf einer Parkbank mit dem Sitznachbarn Small Talk.

Türöffner und Multiplikatoren für sich gewinnen

Türöffner und Multiplikatoren sind sog. Netzwerkknoten: Es gibt kaum jemanden, den sie nicht kennen, und jeder kennt sie. Ein Glücksfall, wenn sie sich für Sie verwenden.

Türöffner verschaffen bei wichtigen Treffen, Netzwerken ein Entrée, stellen einen vor und erwähnen dabei die Vorzüge. Es sind zumeist erfahrene, etablierte Personen, auf deren Meinung der Kreis, in den man eingeführt wird, großen Wert legt.

Multiplikatoren sind Meinungsbildner oder Entscheider in Schlüsselfunktionen. Hat man sie von sich überzeugt, läuft u. U. eine wahre Maschinerie an: Man wird weiterempfohlen, auf Verteiler gesetzt, zu Events und Besprechungen eingeladen. Eines ergibt das andere.

Multiplikatoren und Türöffner spricht man nicht eben mal so an. Es braucht Zeit, einen guten Draht zu ihnen aufzubauen. Manchmal wird man von ihnen entdeckt. Sicherer ist, dafür zu sorgen, diesem Personenkreis positiv aufzufallen. Gute Arbeit ins rechte Licht gerückt – ein perfekter Anfang. Idealerweise hat man jemanden von Gewicht, der sich lobend äußert, einen vorstellt oder empfiehlt. Ansonsten kommt es auf die eigene Performance und Kreativität an.

Erfolgsfaktor betriebliches Vorschlagswesen

Der Vorschlag einer Stewardess, nur eine statt bisher zwei Oliven in den Martini zu tun, brachte ihrer Fluglinie eine Ersparnis von 40.000 $ pro Jahr. Besser kann man sich nicht ins Bewusstsein und vor allem ins Gedächtnis der Geschäftsleitung bringen.

Erfolgsfaktor: Mentoring

Bietet man Ihnen an, bei einem Mentoring-Programm mitzumachen, greifen Sie zu. Gibt es ein offenes Bewerbungsverfahren, bewerben Sie sich von sich aus. Die Teilnahme lohnt für den Schützling, genannt „Mentee", ebenso wie für den Mentor.

Mentees erhalten Einblick in die Arbeitsweise erfolgreicher Persönlichkeiten, kommen mit Sphären in Berührung, mit denen sie sonst nichts zu tun hätten. Läuft es gut, erhalten sie praktische Unterstützung bei der Karriereplanung. Auch hier gilt: Werden Sie aktiv, befragen Sie Ihren Mentor, bieten Sie Unterstützung an, wo immer möglich. Er profitiert von Ihrem unverstellten Blick, denn Berufserfahrene können betriebsblind werden.

Wer wie Telemach, der Sohn des abwesenden Odysseus, von Mentor unter die Fittiche genommen wird, darf sich glücklich schätzen. Ich hatte einen großartigen Mentor, meinen Bereichsleiter, ohne dass je von Mentoring gesprochen wurde. Irgendwann bekam ich eine feinsinnige Weihnachtsüberraschung: Wein aus dem Schwäbischen, eine Sorte, die „Mentor" benannt war.

Der Chef als Mentor

Mein Chef half enorm beim Netzwerk-Aufbau: Er gab mir am ersten Arbeitstag bereits eine Liste mit 20 Personen, die ich binnen vier Wochen kennenlernen sollte: Bereichsleiter, Geschäftsführer von Tochtergesellschaften etc. Er nahm mich aus dem Stand zu wichtigen Besprechungen mit, warf mich ins kalte Wasser.

Wichtig für die weitere Karriere war, dass er mir sofort die bereichsinterne Zuständigkeit für ein Prestigeprojekt mit Milliardenvolumen übertrug. Viele beneideten mich darum, dass ich seitens des federführenden Beteiligungsbereichs die Fusion zweier Konzernbanken begleiten durfte: der Berliner Industriebank mit der Weberbank, einer renommierten Privatbank. Mit Bereichsleitern und anderen Projektbeteiligten entstand über Monate eine intensive Zusammenarbeit. Als besondere Ehre galt, direkt mit dem Seniorchef der Weberbank sprechen zu dürfen. Sie wurde wenigen zuteil.

Der alte Herr war im Übrigen ein Vorbild: Er hatte, als etwas schieflief, die Größe, mir zu sagen, er sei verantwortlich. Das hat mich sehr beeindruckt. Viele hätten die Verantwortung abgewälzt.

Kluger Umgang mit der abgeleiteten Macht

Um zu wichtigen Gesprächspartnern vorzudringen, müssen Sie bisweilen hohe Hürden nehmen: Das „Vorzimmer", sprich die Chefsekretärin oder den Assistenten. Einer meiner Chefs bezeichnete die Sekretärin des Vorstandsvorsitzenden und Schrecken der Mitarbeiter als „Vorstandsdrachen" und sprach von ihrer „abgeleiteten Macht", die sie reichlich ausnutzte. Ähnliches findet man im Verhältnis Arzt–Oberschwester. Ich sehe Schwester Claire vor mir, den Praxisdrachen unseres geschätzten Hausarztes.

Jenseits solcher Auswüchse sind Sekretärinnen und Assistenten außerordentlich hilfreiche Menschen in Doppelfunktion – Türwächter und Türöffner zugleich. Sie arbeiten so intensiv mit ihren Chefs zusammen, dass sie zu deren Inner Circle gehören, Entscheidungen mit vorbereiten und beeinflussen. Man sollte sich mit ihnen gut stellen. Kleine Aufmerksamkeiten sind gut investiert.

Kleine Geschenke erhalten die Freundschaft

Es gibt kaum jemanden, der sich nicht über ein Geschenk freut. Mir gelang es, einem dieser seltenen Exemplare eine große Freude zu machen. Damals nicht wissend, dass der Herr Geschenke schon als Kind ablehnte, schenkte ich ihm, dem bekennenden New-York-Liebhaber, in ausgefallener, themenbezogener Verpackung einen sensationellen, neu erschienenen Bildband und zwei hinreißende autobiografische Bücher der New Yorker Autorin Helene Hanff. Glück gehabt, nein, mit Intuition den richtigen Punkt erwischt.

Aufmerksamkeiten haben Charme und sind jedem möglich, da sie keine Frage des Geldes sind. Manchmal können Sie ohnehin nur mit Fantasie und Extravaganz punkten: Entscheider verdienen meistens so viel, dass alltägliche Geschenke langweilig wirken. Oder ganz anders: Der Ansprechpartner ist vom allzu Weltlichem weit entfernt – ein Mann Gottes.

Wiener Würstchen und bayerische Weißwürste

Als ich zum Interview zum Abtprimas der Benediktiner, Dr. Notker Wolf, nach Rom flog, wollte ich ihm eine Freude machen: Besonders leckere Wiener Würstchen von Feinkost-Butter Lindner, eine Dose bayerische Weißwürste, süßer Senf – Gesamtwarenwert max. 12 €. Alles verpackt in isolierende, dicke Lagen von Zeitungen und Alufolie zum Transport in das sonnige Italien, mit blau-weißem Band verziert: Berlin bei 15 Grad verlassen, in Rom bei 32 Grad ankommen, mit dem Taxi einmal quer durch die halbe Stadt …

> *Die Überraschung gelang, denn trotz „Isolierverpackung"*
> *entfalteten die Würstchen im Kloster S. Anselmo ihren*
> *köstlichen Duft, kaum dass ich Platz genommen hatte. Dies*
> *veranlasste den Abtprimas zum Schmunzeln und zur An-*
> *merkung: „Solche Geschenk machen nur Frauen." Ich*
> *wusste jedenfalls, dass der hohe Herr Wiener Würstchen*
> *seit Kindertagen liebt. Die bekommt er im Land von Salami*
> *und Mortadella nun mal nicht. Die muss man schon einflie-*
> *gen …*

Freude schenken ist etwas sehr Schönes. Sie beglückt auch
den, der gibt. Auf den materiellen Wert kommt es nicht
an, allein die Geste zählt und dass man sich Gedanken
macht:

- Spendieren Sie der Abteilung doch mal spontan ein Eis
  oder Brezeln.

- Legen Sie sich eine Geburtstagsübersicht an, um gratu-
  lieren zu können. XING versendet Erinnerungen, Outlook meldet sich, Facebook zeigt Geburtstage an.

Erfolgsfaktor: klare Botschaften

Erwarten Sie nicht, dass sich irgendwer außer Ihren Liebs-
ten, ernsthaft um Sie Gedanken macht, nachforscht, was
los ist, sich gar sorgt. Je klarer Sie formulieren, was Sie
benötigen, wo der Hund begraben liegt, was man für Sie
tun könnte, desto eher findet sich jemand, der das zu tun
bereit ist.

Einen Job in einem Unternehmen mit indischer Niederlas-
sung zu suchen, weil man in Indien leben möchte, ist eine
klare Ansage, während „Ich möchte mich verändern" nicht

konkret genug ist mit Blick auf Zeit, Ort und Inhalt und damit selten zu etwas führt. Regen Sie die Fantasie an, indem Sie skizzieren, was Ihnen vorschwebt. Je besser Sie Ihre Idee formulieren und Ihre Anliegen transportieren können, desto größer sind die Erfolgsaussichten.

Bisweilen hat ein Ansprechpartner etwas ganz anderes im Köcher, das völlig neue Optionen eröffnet. Dann zeigt sich, ob jemand chancenintelligent ist und zugreift.

Erfolgsfaktor: Geduld und Hartnäckigkeit

Es ist ebenso einfach wie schwer: Man braucht beim Netzwerken Geduld, muss an Menschen und Ideen dranbleiben, immer wieder einen Anlauf starten, selbstverständlich variiert, alles andere wäre zu simpel. Hirnschmalz ist angesagt.

Katastrophenfälle – echt und vermeintliche

Ein Netzwerk ist weder eine Hängematte zum Ausruhen noch ein Selbstbedienungsladen. Elefanten im Porzellanladen, die zur Unzeit zu viel verlangen, den Gesprächspartner überrumpeln, gar dreist fordernd auftreten, sich dabei im Ton vergreifen, kommen selten durch. „Frechheit siegt" führt zwar bisweilen zu erstaunlichen, ja erstaunlich schnellen Erfolgen und gewiss ebenso häufig zum tiefen Fall – eine Gratwanderung.

Viele haben keine Lust auf Leute mit „Problemen". Dies kann nicht wirklich verwundern und ist meistens nicht

einmal persönlich gemeint: Man will sich mit eigenen Themen befassen und mit nichts außerhalb dieser Sphäre belasten.

„Überfall" auf die Vortragsrednerin

*Bei einem Kongress stürzte eine fremde Frau auf mich zu,
grüßte nicht, sondern rief quer durch den Raum, „Gut, dass
ich Sie vor dem Vortrag treffe, Sie müssen ein Problem lösen!". Obwohl hilfsbereit hatte ich nach dem Einstieg wenig Lust auf ein Gespräch. Als ich das „Problem" kannte,
sank der Lustpegel auf Null, denn die Dame war zu be-
quem, sich selbst Gedanken zu machen, und zudem bera-
tungsresistent. „Wasch mir den Pelz, aber mach mich nicht
nass!", hat noch nie funktioniert. Dennoch mailte ich ihr
einen Link zur Selbsthilfe. Es kam wie erahnt kein Dankeschön – ein perfektes Beispiel, wie man es nicht macht.*

Das Visier wird recht schnell zugeklappt, wenn es um größere Schwierigkeiten geht, womöglich solche von existen-
zieller Natur. Deshalb dürfen Sie nie mit der Tür ins Haus
fallen, so sehr die Zeit auch drängt. Zeit für Small Talk muss
immer sein und hüten Sie sich davor, mit Leidensmiene
herumzulaufen. Pokerface ist angesagt, wie es der Berufs-
spieler Nick – Omar Sharif in *Funny Girl* mit Barbra Strei-
sand – empfiehlt.

Versuchen Sie zuerst, alles zu tun, und anzustoßen, was
Ihnen selbst möglich ist. Recherchieren Sie, nehmen Sie
professionelle Hilfe in Anspruch (Beratung durch Experten,
Bewerbungstraining, Crashkurse für den Job, fachliche
Schulungen), schalten Sie Anzeigen, registrieren Sie sich
bei Jobbörsen, profilieren Sie sich in XING-Gruppen oder
bei Google+ zu Fachthemen, sprechen Sie Freunde und

gute Bekannte an. Ist dieser Kreis erschöpft, gehen Sie klug auf Menschen zu, von denen Sie meinen, sie könnten zur Lösung beitragen.

So erweitern Sie Ihr Netzwerk

Sie sollten sowohl gezielt Einzelkontakte knüpfen, als auch Beziehungen in dafür vorhandenen Strukturen anbahnen und aufbauen, sich mit vernetzten Personen, Organisationen und Institutionen verbinden. Sie finden sie in formellen Netzwerken. Viele Optionen bietet das Web.

Netzwerkerweiterung durch Kooperationen und Allianzen

Unternehmen können nicht unbegrenzt Ressourcen vorhalten. Es ist daher sinnvoll, sich dauerhaft oder projektbezogen mit anderen in Joint Ventures, Kooperationen oder Unternehmensnetzwerken zusammenzutun und sich z. B. durch komplementäre Kompetenzen, Spezial-Knowhow oder Personalkapazitäten zu ergänzen. Ein zukunftsweisender Weg in Zeiten der Globalisierung.

Netzwerkerweiterung durch Facebook & Co.

Immer mehr Menschen sind auf unterschiedlichen Plattformen mit verschiedensten Intentionen vertreten. Auch Bekannten und Netzwerkpartnern können Sie dort begegnen, sich manch anderen unkomplizierter nähern als anderswo.

Es geht nichts mehr ohne Social-Media-Kompetenz: Das Fax stirbt aus, immer weniger Briefe werden geschrieben, ohne E-Mail-Account ist vieles nicht möglich, Unternehmen verstärken ihre Social-Media-Präsenz. Jeder sollte mit diesen Medien vertraut sein, um gut arbeiten zu können und/oder seine Kontakte zu pflegen. Die Konkurrenz schläft nicht. Insbesondere gehen die sog. Digital Natives, diejenigen, die damit aufgewachsen sind, ohne Berührungsängste – und häufig sehr sorglos – damit um. Die Zuwachszahlen bei den über 65-jährigen Nutzern sprechen für sich.

Was ich zu Social Media als Power-User zu sagen habe, sprengt den Rahmen dieses Crashkurses. Ich beschränke mich daher auf Kernaussagen.

Zur Datensicherheit sei nur so viel gesagt: Problematisch ist nicht nur, dass Accounts gehackt und ausgespäht werden. Ebenso problematisch ist, wie leichtfertig wir freiwillig Daten preisgeben und unser Privatleben öffentlich machen. Letzteres können wir steuern.

Nun zu den Kernaussagen:

1. Mit Facebook, XING, LinkedIn, twitter, Google+, um nur die bekanntesten Plattformen zu nennen, können Sie Ihren Radius und damit den Bekanntenkreis enorm erweitern. Fangen Sie mit mir an: Folgen Sie mir bei twitter, werden Sie ein Facebook-Friend.

2. Ob der Kreis klein und fein oder möglichst groß sein soll, hängt von den Zielen ab. Die vielen Autoren, Trainer und Coaches bei Facebook brauchen z. B. eine große Reichweite als Werbeplattform. Bei Angestellten kann das ganz anders aussehen.

3. Für jeden gibt es eine passende Plattform. Man muss sich Zeit nehmen und etwas experimentieren, um herauszufinden welche. Ich brauchte zwei Monate, um twitter etwas abzugewinnen. Nun mag ich diesen Informationspool nicht mehr missen. Mit Facebook tat ich mich schwerer.

4. Eine Strategie hilft Ihnen, sich nicht zu verzetteln, denn im Web können Sie ganztags ohne jeden beruflichen Nutzen verweilen. Genügt Ihnen das statt fernsehen, okay. Man muss sich nur bewusst entscheiden.

5. Ein zeitliches Limit kann hilfreich sein.

6. Wo immer Sie sich engagieren, tun Sie es professionell, mit klarem Profil. Es ist Ihre Visitenkarte.

7. Sie sollten in ein gutes businessmäßiges Foto investieren. Freizeitfotos sind ein No-Go, falls Sie nicht Animateur in einem Ferienclub sind.

8. Der Gesamtauftritt sollte seriös sein, denn Personalabteilungen, Headhunter, selbst kleine mittelständische Unternehmen checken Bewerber auf den gängigen Plattformen.

9. Gutes Benehmen ist auch im Web angesagt, auch wenn viele es vermissen lassen.

10. Bei XING können Sie sich in über 45.000 Gruppen austauschen. Gleichen Sie deren Qualität mit Ihren Ansprüchen ab.

Man sollte alle Optionen nutzen bzw. sich bewusst nach einer Testphase dafür oder dagegen entscheiden. Manchmal braucht es etwas Zeit, bis der Sinn sich erschließt.

Einige inspirierende Leute wiegen die auf, die allzu Plattes verbreiten. Sorgen Sie für Netzwerk-Hygiene: Wer Ihre Friends beleidigt, Diskussionen mit Kommentaren stört, Ihre Accounts dreist als Werbeplattform nutzt, den sollten Sie blockieren. Das muss man sich im Web wie im „echten" Leben nicht antun.

Social Media verändern sich schnell: 2007 von den Gründern für 75 Mio € verkauft, ist StudiVZ heute ein Ladenhüter. Myspace, der Vorläufer von Facebook, ist nach einem Komplettrelaunch ein Musikportal. Im Herbst 2013 sorgte eine 13-jährige New Yorker Bloggerin für Wirbel: Facebook sei für junge Leute zu langweilig, sie würden sich anderswo tummeln. Also bleiben Sie auf dem Laufenden.

Exkurs: Aufbau eines eigenen Netzwerks

Ein eigenes Netzwerk aufzubauen bedeutet hier nicht das Knüpfen unterschiedlichster Kontakte, die nichts miteinander zu tun haben, sondern den konsequenten Aufbau einer wie auch immer gearteten Struktur, um zielgerichtet einen bestimmten Zweck mit Gleichgesinnten zu verfolgen. Gemeint ist der Aufbau einer eigenen Organisation, gar eines Vereines oder Verbandes oder auch nur eines größeren Stammtisches. Netzwerkaufbau ist mit viel Arbeit verbunden, z. T. auch mit Kapitaleinsatz. Zudem muss man für andere attraktiv sein, um Mitstreiter zu finden. Das ist nicht leicht: In einer Stadt wie Berlin ist die Konkurrenz groß.

Es fragt sich also, ob man sich nicht besser einem bestehenden Netzwerk anschließt. Perfekt ist keines, jedoch ist es fast überall möglich, sich einzubringen, Verantwortung zu übernehmen, mitzugestalten. Ich halte zudem viel davon, Kräfte zu bündeln, anstatt jeden Tag ein neues kleines Netzwerk zu gründen. Viele werden so schnell beerdigt wie aus der Taufe gehoben.

Wenn Sie überzeugt sind, etwas Neues oder Besseres etablieren zu können, brauchen Sie einen harten Kern von drei bis fünf Mitstreitern, die die Dinge mit Ihnen zum Laufen bringen, sowie Multiplikatoren, die das Netzwerk weiterempfehlen.

So schnell kann ein Netzwerk Früchte tragen

Obschon ich beim Netzwerken Geduld predige: Manchmal kann schnell geerntet werden, was klug gesät wurde. Von Ende September bis Anfang Dezember 2013 geschah etwas Besonderes: Aus den 17 Dolmetscherinnen und Übersetzerinnen, die an meinem Karrierestrategieseminar „Das Löwinnen-Prinzip" teilgenommen hatten, entstand ein Netzwerk. Dass Einzelne nach einem Seminar in Kontakt bleiben, gibt es öfter. Doch so etwas habe ich noch nicht erlebt. Die erste Erfolgsmeldung an alle Teilnehmerinnen und mich kam bereits einen Tag nach dem Seminar: Meine Empfehlung, jede Chance zum Small Talk zu nutzen, hatte einer Dame auf der Heimfahrt im Zug einen Auftrag eingebracht. Seitdem gehen Rundmails mit dem Betreff „17 + 1 Löwin" hin und her mit Tipps und Berichten von der Networking-Front. Ende November fand das erste Treffen statt, das zweite ist für Februar fest terminiert. Das nenne ich „Nägel mit Köpfen machen". Alles ist möglich, wenn man nur will und entsprechende Prioritäten setzt.

Ich freue mich für die 17 „Löwinnen" – und über einen Seminar-Bericht, den die Berliner Dolmetscherin und Überset-

zerin Judith Cierzynski für die Verbandszeitung der Dolmet-
scher und Übersetzer verfasste, hier ein Auszug:

„Dieses Seminar war sehr persönlich. Wir konnten mehr
mitnehmen als das im Seminar vermittelte Wissen. Als
Networking-Expertin legte unsere Seminarleiterin den
Grundstein für ein neues Kolleginnen-Netzwerk. Wir haben
Wegbegleiterinnen gefunden, die die gleichen Mantren im
Herzen tragen. Was aber hat das mit Löwinnen zu tun? Es
ist ein weiteres Sinnbild: Die Löwinnen gehen gemeinsam
auf die Jagd und erjagen 80 % der Beute für das Rudel,
nicht die Löwen! Bei acht von zehn Beutezügen gehen die
Löwinnen leer aus und doch geben sie nie auf ...“

Exkurs: Vermischung von Privatem und Geschäftlichem

Bei der Frage, ob man Privates und Geschäftliches trennen
soll, scheiden sich die Geister. Man muss dabei sicherlich
nochmals zwischen Networking und eigenständigen Ge-
schäftsbeziehungen unterscheiden. Networking funktioniert mit Freunden und Fremden gleichermaßen. Sobald
allerdings das Element der Freundschaft bei Geschäftsbe-
ziehungen hinzutritt, lässt die Objektivität nach, kommen
„sachfremde" Erwägungen und Emotionen hinzu.

Ein Beispiel: Keiner überbringt einem Kunden gerne eine
negative Nachricht. Ist man mit dem Kunden befreundet,
leidet man womöglich mit, verliert so an Distanz und ist
zudem Diskussionen ausgesetzt, die zwischen reinen Geschäftspartnern nicht geführt würden. Läuft etwas
schlecht, verliert man mit dem Kunden auch den Freund.

Am ehesten funktioniert m. E. die Vermischung von Geschäft und Privatem, wenn aus Geschäftspartnern Freunde werden – nicht umgekehrt. Dann ist die professionelle Seite so eingespielt, dass keine großen praktischen Veränderungen zu erwarten sind. Hermann Scherer differenzierte im Interview feinsinnig nach dem Reifegrad der Beteiligten und betonte, wie wichtig es sei, die Dinge transparent zu halten und bei Schwierigkeiten umgehend das Gespräch zu suchen.

Bei den Social Media wird oft strikt aufgeteilt: XING und LinkedIn für das Geschäftliche, Facebook rein privat. Eine Freundin unterscheidet bei twitter und Facebook wie folgt: Facebook für ihren Malerbetrieb, twitter für privat. Für mich ist twitter ein geschäftlicherer Informationspool mit Freunden aus aller Welt, die ich sonst nie kennengelernt hätte.

Auf den Punkt gebracht

Die Frage nach der Effizienz von Netzwerken ist zu vordergründig. Viele Faktoren spielen eine Rolle. Networking braucht Geduld und hängt entscheidend davon ab, was man selbst anzubieten hat und in Gemeinschaften einzubringen willens ist. Rat zu erbitten, Fragen zu stellen, ist in angemessener Form immer zulässig. Diplomatie und Feingefühl helfen weiter. Menschen zu überfrachten, schadet mehr als es nutzt. Ausprobieren ist die einzige Chance, den persönlichen Königsweg zu erkennen.

Schritt 6: Die Kunst der Kontaktpflege

Vieles, was beim Kontaktknüpfen und -nutzen bedeutsam ist, ist es auch bei der Kontaktpflege. In Seminaren wird stets darüber geklagt, wie aufwendig und schwierig Kontaktpflege sei. Letzteres dürfte sich nach Lektüre meines Crashkurses erledigt haben. Dass wir keine Zeit fürs Netzwerken und die Beziehungspflege haben, stimmt nicht: Wir haben wenig Zeit. Schlimmer ist: Diese wenige Zeit nutzen wir nicht effektiv, befassen uns mit Nebensächlichkeiten, gehen Zeitfressern auf den Leim. Wenn wir wollten, könnten wir Prioritäten setzen.

Wann, wo, wie und womit pflegt man Beziehungen?

Als Juristin antworte ich auf die Frage nach dem Wo, Wie und Wann der Kontaktpflege mit dem stets richtigen Satz: Es kommt darauf an – auf die Beteiligten, die Art und Intensität der Beziehung, die räumliche und inhaltliche Verortung. Grob gesagt gibt es folgende Möglichkeiten:

- zufällige Begegnungen nutzen
- regelmäßige institutionalisierte Begegnungen suchen
- Besuche
- Reisen
- anrufen, skypen

- schriftlicher Kontakt:
  - persönlich: Brief, E-Mail, Facebook-Privatnachrichten (eher privat), XING-Nachrichten, twitter Direct Messages, Chat
  - allgemeiner: Rundmail, Newsletter, bloggen, posten, tweeten
- Einladungen aussprechen und wahrnehmen
- Veranstaltungen – teilnehmen und durchführen
- Feste aller Art

Nutzen Sie alle Kommunikationsmittel und setzen Sie konkret die ein, welche die Adressaten bevorzugen. Wenn einer seine E-Mails nur einmal pro Woche abfragt, sollten Sie anrufen oder faxen. Schauen Sie, wo die Adressaten sich bevorzugt aufhalten, um sie dort zu treffen.

Es gibt keine feste Regel, wie häufig man sich begegnen sollte. Man ist ohnehin nicht jederzeit mit jedem in gleich intensivem Kontakt. Das hängt mit Lebensphasen, Projekten und Interessenlagen zusammen.

Vielen läuft man regelmäßig über den Weg, andere muss man gezielt kontaktieren. Es gibt Menschen, die sieht man drei Jahre nicht und kann trotzdem dort anknüpfen, wo man aufgehört hat. Das ist eine Frage der Chemie. Das absolute Minimum ist der jährliche Weihnachtsgruß. Vierteljährliche Kontakte sind sicherlich sinnvoll. Nutzen Sie Reisen und Kongresse, um auswärtige Bekannte zu treffen. Ich versende zwischendurch Rundmails an größere Kreise und informiere dabei auch über meine Veranstaltungen. Die vielen Rückmeldungen und Entschuldigungen (!) im Verhinderungsfall sind ein gutes Zeichen.

Ob es stimmt, dass man 150 Beziehungen pflegen kann und im Schnitt 1.900 Bekannte hat, weiß ich nicht. Wer ständig eine große Anzahl von Leuten kennenlernt, kann auf tausende von Kontakten kommen. Wie intensiv der Kontakt ist, ist eine andere Frage. Enge Kontakte machen genauso viel Sinn wie lose. Es kommt darauf an, wofür man sie braucht, in welcher Branche man tätig ist.

Erfolgsfaktor: Newsletter

Mit großen Kontaktmengen muss man effizient umgehen. Um in Erinnerung zu bleiben, sind Mailings hilfreich. Der hoch informative Newsletter von Hermann Scherer erreicht über 50.000 Personen. Angesichts der E-Mailflut sollte man sich besondere Mühe geben, angefangen bei einem intelligenten Betreff, der neugierig macht. Wer rein werblich auftritt, wird schnell weggeklickt, landet im Spam. Auch hier gilt es, den Adressaten Nutzen zu bieten.

Doppelstrategie: alte Kontakte pflegen/neue knüpfen

Wer so auf neue Kontakte fixiert ist, dass er vergisst, die alten zu pflegen, entwertet den Aufwand, den er zuvor in das Anbahnen von Kontakten investiert hat. Das ist unsinnig und frustrierend. Es geht darum, langfristige, stabile Beziehungen aufzubauen, d. h. mit anderen in Verbindung zu bleiben und mit ihnen zu interagieren. Manche sagen, man müsse Kontakte zu Freunden machen. Das geht mir zu weit, da ich den Freundesbegriff eng fasse. Wichtig ist, sich mit Gleichgesinnten zusammenzutun, dann stimmen die Chemie und die Interessen.

In Verbindung bleiben

Zunächst darf man die Verbindung nach dem Erstkontakt nach dem Motto „stay in touch" nicht abreißen lassen. Das fängt mit einem „Follow-up" an, der Nachbereitung, die ich salopp „Dranbleiben" nenne. Wann kann man sich nach einer Begegnung melden? Mir erscheint es aufdringlich, um Mitternacht eine Unternehmenspräsentation im E-Mail-Eingang zu haben, wenn man sich um 22 Uhr kennenlernt. Anders wäre es bei einem versprochenen Link. Ich bevorzuge das gestufte Vorgehen: ein Dankeschön für das gute Gespräch noch am Abend. Die Unterlagen im Verlauf des nächsten Tages, im Grunde zwei Follow-ups. Perfekt.

Erneute Begegnungen

Es reicht nicht, sich in zwei Jahren dreimal zu begegnen, in seinem Verein nie zu erscheinen. Networking lebt von Nachhaltigkeit, dazu gehört Kontinuität. Gute Verkäufer wissen: Es ist leichter, einen alten Kunden wieder an Bord zu holen, als Neukunden zu akquirieren. Der Erfolgreiche tut beides.

Präsenz zeigen und Kontakte am Laufen halten

Anlässe, bei denen per se viele unterschiedliche Leute zusammenkommen, alte Bekannte und Fremde, sind ideal – Sie können viel Zeit, Kosten und den organisatorischen

Aufwand vieler Einzelverabredungen sparen. Messen und Kongresse sind deshalb unter Networkingaspekten so hocheffizient. Als Gast kommen Sie in den Genuss der Kontakte des Gastgebers. Laden Sie selbst ein, können Sie unterschiedlichste Menschen zusammenbringen, die sich normalerweise nicht begegnen würden

Meine Empfehlung ist: Haben Sie keine Lust auf eine Grundsteinlegung, Filialeröffnung, die Präsentation eines neuen Produkts, auf die Weihnachtsfeier – gehen Sie trotzdem hin. Man trifft immer eine interessante Person. Wenn man keine Lust hat, wird es zudem meistens am schönsten. Zur Not gehen Sie eher mit der Anmerkung, Sie hätten noch einen Termin, das ist auch abends nicht ungewöhnlich.

Vor kurzem lernte ich bei einem Event, der so gar nicht in meinen vollgestopften Tag passen wollte, einen Herrn kennen, der wenige Tage später seiner Lebensgefährtin riet, sich von mir coachen zu lassen. Am Büroschreibtisch oder gar zu Hause auf dem Sofa wäre das nicht passiert.

Erfolgsfaktor: Geselligkeit

Einladungen zum Essen und kleine Runden mit informellem Charakter sind hervorragende Gelegenheiten zum Netzwerken: Sie haben ein relativ großes Zeitkontingent für eine begrenzte Anzahl von Personen. Manche schwören auf Partys, andere laden zu Kaminabenden ein. Die einen öffnen die Pforte ihres Heims, wieder andere bevorzugen Restaurants.

Erfolgsfaktor Geschäftsessen

Ein hochrangiger Bankmanager, der sehr vermögende Menschen bei internationalen Finanztransaktionen berät, beschrieb fast poetisch, mit welchem Bedacht und welcher Eleganz Franzosen, aber auch Italiener bei geschäftlichen Einladungen vorgehen: Selbstverständlich wird gefragt, welche Küche bevorzugt werde, ob es ein Lieblingsrestaurant gebe oder ob man mit einer besonderen Location überraschen dürfe, für die eine etwas längere Anfahrt erforderlich sei.

Da wird nicht schon bei der Vorspeise der Schlenker zum Geschäftlichen gemacht, nein, man unterhält sich beim 5-Gänge-Menü kultiviert über Gott und die Welt und bringt erst beim obligatorischen Espresso das Geschäftliche ins Spiel. Wohl dem Berater und sonstigen Gastgeber, der eine gute Allgemeinbildung hat und sich auf gesellschaftlichem Parkett zu Hause fühlt – und die Ungeduld im Zaume halten kann.

Natürlich verkehrt nicht jeder in luxuriösen Sphären. Das Prinzip ist jedoch auch beim Essen in der Kantine oder dem 2-Gänge-Lunch für 12 € dasselbe: Man wartet bis zum Dessert, um zum Geschäft zu kommen. Es sei denn, man verabredet sich gezielt zum Arbeitsessen.

Essen und Trinken hält Leib und Seele zusammen

… gilt immer noch. Keith Ferrazzi, der viel von einem guten Tropfen hält, riet einem nicht begüterten Freund, einfachen Wein zu kaufen, aber reichlich, und ihn am Fließen halten. Gut, wenn jeder den Zeitpunkt für Mineralwasser kennt.

Erfolgsfaktor: Golf

Golfspieler kennen die Faszination des 19. Loches, der Bar im Clubhaus, an der häufig Geschäftsideen entwickelt und Geschäfte abgeschlossen werden. Ähnlich wie ein 4-Gänge-Menü bereitet eine Golfrunde den Weg zum Geschäftlichen. Die gemeinsame sportliche Betätigung schafft Nähe und Vertrauen. Die ehemalige Vizepräsidentin der IHK Berlin, Dr. Mercedes Hillen, beantwortete die Frage, wie viel Zeit man ins Netzwerken investieren sollte, pragmatisch: „Wer die besten Geschäfte auf dem Golfplatz abschließt, sollte dort 2/3 seiner Zeit verbringen."

Behalten Sie die Übersicht

Visitenkarten sind mein „Sündenbabel". Ich verwende Outlook, zwei Rolodexe, weil ich ein Sammler bin, und ein Holzkästchen mit Karten, um die ich mich kümmern sollte. Klug ist:

- Möglichst noch vor Ort auf Visitenkartenrückseiten notieren: Datum, Anlass, Besonderes zum Gesprächspartner, ggf. was Sie ihm schicken wollen.

- Visitenkartenscanner nutzen.

- Outlook verwenden: zeitnah zumindest Namen, Firma/Organisation, E-Mailadresse ein- und die handschriftlichen Anmerkungen von der Kartenrückseite übertragen.

- Person kategorisieren, z. B. mit themenbezogenen Stichworten.

- Kontakte bewerten: Manche bewerten mit Schulnoten, andere ordnen von A bis E, da es auch Z-Promis gibt, ist der Fantasie keine Grenze gesetzt.

- Bewertung regelmäßig überprüfen.

XING hat den großen Vorzug der Aktualität der Mitgliederdaten (meistens). Wen haben Sie über Ihren Umzug, die Beförderung oder den Jobwechsel informiert?

Super-Multiplikatoren werden gefunden

Die renommierte Sammlerin und Mäzenin Francesca von Habsburg aus dem kunstaffinen, traditionsreichen Haus Thyssen-Bornemisza sagte mir, das Wichtigste beim Netzwerken mit ihren Künstlern und für diese sei, „to nurture the network". Da sein, Informationen weitergeben, sich kümmern, das Netzwerk nähren. Bei ihren Großprojekten mit 70 Projektbeteiligten sicher keine leichte Übung. Sie suche nicht nach Kontakten oder Künstlern, sie werde gefunden.

Das Privileg, nicht suchen zu müssen, ist leicht erklärt: Frau von Habsburg, die 2002 in Wien die Stiftung Thyssen-Bornemisza Art Contemporary (TBA21) ins Leben rief, ist so etabliert und von weltweit hohem Renommee, dass sie selbst mit ihren langjährigen, ausgezeichneten Verbindungen ein zentraler Kontaktknoten für andere ist.

Veranstaltungen effizient nutzen

Veranstaltungen sind unerlässlich. Miteinander zu reden ist oft wichtiger als der inhaltliche Anlass, der den Rahmen bietet. Messen, Kongresse und andere Events haben den großen Vorzug, dass man mit wenig Zeitaufwand vielen begegnet, die man sonst einzeln treffen müsste. Manches regelt sich informell am Buffet, weil man an Entscheider direkt herankommt und nicht beim Vorzimmer „aufläuft". Einige Tipps:

- Verabreden Sie sich im Vorfeld der Veranstaltung zu einem Drink oder essen Sie danach gemeinsam.

- Seien Sie früh da, bleiben Sie lange, um mit möglichst vielen Bekannten einige Worte zu wechseln.

- Richten Sie Grüße aus, die Ihnen aufgetragen wurden.

- Vereinbaren Sie Termine mit Anwesenden.

- Sprechen Sie Einladungen aus.

- Nicht an einem Stehtisch, bei einer Person festkleben

- Sprechen Sie neue Leute an.

- Lassen Sie sich Visitenkarten geben.

- Melden Sie sich zu Wort, um sichtbar zu sein und sich bekannt zu machen.

- Nennen Sie vor einem Redebeitrag Ihren Namen und das Unternehmen.

- Tragen Sie sich dem Veranstalter ggf. als Referent an.

- Sprechen Sie mit den Referenten, klären Sie ggf. eine Frage.

- Akquirieren Sie den Referenten für eine eigene Veranstaltung oder lassen Sie ihm eine Information zukommen.

Machen Sie mehr aus Ihrer E-Mail-Korrespondenz

- Bedanken Sie sich öfter mal.

- Verschicken Sie hilfreiche Links.

- Leiten Sie Interessantes weiter – an mehrere.

Briefpost

Einladungen und Grüße, die Eindruck machen sollen, erleben gerade eine Renaissance in auf Papier per Post. Probieren Sie es aus.

Duftende Kartengrüße im Job

Dufterlebnisse sind auch geschäftlich zulässig. Ich hatte mit einer nach Weihnachtsgewürzen duftenden Weihnachtskarte großen Erfolg: Nicht nur unmittelbar nach Versand kamen Anrufe, E-Mails, Rezepte für Plätzchen und Weihnachtsgeschichten als Aufmerksamkeit.

Im April (!) des Folgejahres berichtete man mir, dass die Karte noch immer auf dem Schreibtisch stehe, weil sie so schön sei (ein alter Küchenherd mit nostalgischem Geschirr, Weihnachtsgebäck und Gewürzen) und noch immer gut rieche. Das ist nachhaltig! Wer in Erinnerung bleiben will, muss sich etwas einfallen lassen.

Nur nebenbei: Über Weihnachtskarten mache ich mir bereits im Spätsommer Gedanken. Seit einigen Jahren verwende ich Kunstwerke befreundeter Künstler oder von Künstlern, die ich berate. Die entstehenden Gesamtkunstwerke aus Wort und Bild kommen sehr gut an und – welch gewollter, schöner Nebeneffekt – sie bringen die Künstler ins Gespräch und auf Schreibtische/PCs.

Was Sie von Profi-Netzwerkern lernen können

Man kann man viel von erfolgreichen Menschen lernen, auch in Sachen Effizienz und Umsicht, denn diese haben wenig Zeit und müssen viele Dinge parallel am Laufen halten.

- Für den Abtprimas der Benediktiner, Dr. Notker Wolf, der rund 25.000 Mönchen und Nonnen in aller Welt vorsteht, sind Reisen wesentlicher Bestandteil der Beziehungspflege, weil er nur auf diese Weise sehr viele Menschen auf einmal treffen kann. Im Übrigen schreibt er viele E-Mails – alle persönlich. Seine Bücher, TV-Auftritte und Vorträge verbinden ihn mit einer breiten Öffentlichkeit.

- Juwelierin Kim Wempe, Chefin von Wempe, 25 Filialen, fünf davon im Ausland, schätzt den unmittelbaren Kontakt und greift gerne zum Telefonhörer, um Dinge zu besprechen.

- Heinrich von Pierer, ehemaliger Vorstands- und dann Aufsichtsratsvorsitzender von Siemens hält viel von der persönlichen Begegnung: „Face-Mail statt E-Mail" dürfe nicht in Vergessenheit geraten

- Heidi Hetzer, Jahrgang 1937, eine Berliner Institution, mobilisiert derzeit ihr internationales Netzwerk u. a. zur Lösung logistischer Fragen bei der geplanten zweijährigen Weltreise mit einem ihrer Oldtimer und zum Zwecke des Wiedersehens. Sie ist an fünf Abenden pro Woche auf Events, war früh international vernetzt und nahm die hohen Aufnahmehürden der exklusiven Young Presidents Organisation.

- Dieter Kosslick schwört auf „Networking by Kaffeetrinken", viele Auslandsreisen und den Besuch von Partys, beim Festivaldirektor der Berlinale eine Dienstpflicht.

- Dr. Michael Rogowski empfiehlt, beim Aufsetzen von Projekten auch zu schauen, welche Netzwerke stören oder sogar schaden könnten.

- Prof. Roland Doschka, Ausstellungsmacher, Bestseller-Autor und Inhaber eines preisgekrönten Gartens, betont, dass man Netzwerke nicht innerhalb von ein paar Monaten aufbauen kann. Zudem müssten die Ziele, Interessen und Charaktere dieselben sein und man selbst ein Menschenkenner.

- Frau Prof. Yu Zhang, China Communications, Autorin, geschäftlich in Deutschland und China verankert, ist ein perfektes Beispiel des versierten Wanderers zwischen den Kulturen. Sie setzt auf Kontinuität und Stetigkeit beim Netzwerken.

Auf den Punkt gebracht

- Kontaktpflege ist eine große Herausforderung beim Netzwerken. Sie ist Teil des Säens, das vor der Ernte steht.

- Kontaktpflege gelingt nur, wenn wir ernsthaft an einer Beziehung zu anderen interessiert sind.

- Die Ausrede, wir hätten keine Zeit, zieht nicht: Wir haben alle wenig Zeit, doch die wenige Zeit könnten wir besser nutzen. Es ist alles eine Frage der Prioritäten.

Schritt 7: Evaluation und Feinjustierung

Kassensturz beim Beziehungskonto

„L'art pour l'art", die Kunst als Selbstzweck ist ein wunderbarer Gedanke und ein hoher Anspruch. Professionelles Netzwerken ist zwar auch eine Kunst – jedoch in weltlicheren Gefilden. Netzwerken nur um des Netzwerkens willen können sich die wenigsten leisten. Selbst Beratungseinrichtungen und Selbsthilfeorganisationen haben Vorgaben für ihr Tun. Ist Networking in ein Gefüge von Zielen und gemeinsamen Interessen integriert, ist es sehr wahrscheinlich, dass gegenseitige Hilfe jeden Beteiligten oder die Gemeinschaft als solche voranbringt.

Networking sollte so verinnerlicht sein, dass es quasi von selbst passiert. Dann bleibt genügend Raum für Spontaneität, den guten Rat nebenbei, das Herstellen eines Kontakts. Schwierig sind zeitintensive Engagements. Dafür sollten gute Gründe sprechen.

Um das Verhältnis von Geben und Nehmen im Lot zu halten, muss man zwischendurch innehalten und sein Tun reflektieren. Wenn Sie den Verteiler der Weihnachtskarten oder des Newsletters überarbeiten, Visitenkarten sortieren, könnten Sie ein, zwei Stunden für folgende Fragen einplanen – die Mühe lohnt:

Kernfragen zu Ihrem Job

- Wie verteilen sich Ihre Aufgaben und Einzelaktivitäten auf Ihr Zeitbudget? Wie viel Zeit entfällt zum Beispiel auf Verwaltungsangelegenheiten (Listen, Statistiken, Buchführung, Reiseplanung), Projektarbeit, Akquisition, strategische Fragen, Kundengespräche, Meetings, Koordination von Mitarbeitern, Berichte an Vorgesetzte, Führungsaufgaben, kreative Fragen, Kontaktaufbau und -pflege?
- Welche Aktivitäten sind am erfolgreichsten?
- Welche sind am ertragsreichsten?
- Welche Aktivitäten machen Ihnen die meiste Freude?
- Welche bringen Sie mittelfristig voran?

Kernfragen zur Qualität Ihrer Verbindungen

- Mit wem haben Sie am häufigsten zu tun?
- Überwiegt das Geschäftliche oder das Private?
- Was verbindet Sie?
- Gibt es gemeinsame Projekte? Wie laufen diese?
- Was haben Sie in letzter Zeit für diese Personen getan?
- Was haben diese für Sie getan?

Fragen zum allgemeinen Networking

- Wo lernen Sie die interessantesten Leute kennen?
- Wie groß ist der Aufwand dafür?

- Wer nimmt Sie am häufigsten in Anspruch?
- Wen beanspruchen Sie am meisten?
- Stimmt jeweils die Relation?
- Falls nicht, was spricht dafür, so fortzufahren?

Ist alles im Lot – bestens. Vielleicht entdecken Sie jedoch Aktivitäten und Kreise, die wenig bringen, und menschliche Zeiträuber und Energiefresser: die ewig jammernde Kollegin, der auf Ärger abonnierte Freund, nachlässige Mitarbeiter, sperrige Kunden, die z. B. durch unzureichende Informationen unnötigen Zeitdruck oder Fehler provozieren. Man muss manchmal aussortieren. Nicht schön, doch was ist die Alternative dazu? Üben Sie die unbequeme Sache des Neinsagens.

Stellen Sie fest, dass manches mit geeigneten Verbindungen zu bestimmten Kreisen, Branchen, Abteilungen, Verbänden oder zu Experten besser liefe, dann machen Sie sich bitte auf, das Defizit zu beseitigen – mit Strategie.

Feinjustierung: Spreu vom Weizen trennen

Ich könnte ständig helfen, Rat erteilen, Dinge für andere erledigen – was in gewissem Konflikt zu meinem Job als Berater steht. Als solcher werde ich genau für diese Tätigkeiten bezahlt. Dienstleister müssen gut überlegen, was bzw. wie viel sie für wen tun. Für Anwälte und Ärzte ist es zudem wegen der Haftungsrisiken heikel, zwischen Tür und Angel einen Fall zu lösen oder Krankheiten zu diagnostizieren. Bei allem, was über Allgemeingültiges hinausgeht, empfiehlt es sich, einen Beratungstermin anzubieten. Das schreckt Schnorrer ab.

Wenn man wüsste, wie sich Dinge entwickeln, könnte man beizeiten Grenzen aufzeigen. Da manches eine eigene Dynamik entwickelt, tut man plötzlich mehr als gewollt. Hat man längere Zeit als Ratgeber und Helfer in allen Lebenslagen fungiert und alle Belastungsspitzen für Kollegen aufgefangen, ist es schwer, einen neuen Weg einzuschlagen. Ein klärendes Gespräch ist dringend geboten, aber häufig nicht besonders angenehm. Man ist gezwungen, den anderen aus seiner Komfortzone zu vertreiben. Schnell wird der Vorwurf erhoben, man sei egoistisch, lasse den anderen hängen. Das muss man aus Gründen des Selbstschutzes aushalten. Entweder wird man dafür mit dem Lerneffekt des Gegenübers belohnt, oder die Beziehung geht auseinander, was sich zeitversetzt häufig als gut herausstellt.

Kann man persönliche Beziehungen zu Kollegen oder Geschäftspartnern nicht oder nicht sofort abbrechen, bedarf es einer Rückzugsstrategie, um nicht unnötig Porzellan zu zerschlagen. Es ist hilfreich, den Begegnungsturnus zu strecken, kürzer verfügbar zu sein, sich an neutralen Orten und ggf. nur in Gegenwart Dritter zu treffen, sich auf das Nötigste zu beschränken, Kollegen zu bitten, Termine wahrzunehmen. Dabei gilt es stets, mit der gebotenen Professionalität und Höflichkeit aufzutreten.

Einfach ist es, aus Vereinen auszutreten. Für wenig Exponierte reicht ein schlichtes Kündigungsschreiben, andere sollten sich Zeit für eine geschmeidige Begründung nehmen, denn man begegnet sich im Leben immer zweimal.

Schaffen Sie Freiraum für Neues

Handeln Sie nach dem Prinzip: Innehalten – evaluieren – reagieren: feinjustieren, entrümpeln und neues Ausprobieren.

Netzwerken, wie ich es verstehe und lebe, ist ein lebendiger Austausch, der zu vielfältigen Erleichterungen führt und das Leben in jeder Hinsicht bunter macht und bereichert. Machen Sie mit und vernetzen Sie sich mit mir auf den Social Media Plattformen. Ich freue mich auf Sie.

Auf den Punkt gebracht

Da alles im Fluss ist und Stillstand Rückschritt bedeutet, sollten wir bisweilen auch die Qualität unserer Netzwerke und der eigenen Vernetzungskompetenz hinterfragen, damit wir nicht uns selbst gegenüber betriebsblind werden. Oft hilft der Blick von außen bei der Feinjustierung oder Neuausrichtung. Was auch immer ansteht: Beginnen Sie sofort damit. Es lohnt sich.

Geschafft! Bravo! Sie sind durch!

Und nun lassen Sie die Theorie fürs Erste beiseite und legen Sie einfach los. Sofort! Wenn nicht jetzt, wann dann?!

Denken Sie an die drei Musketiere Aramis, Athos und Porthos, die den jungen Gascogner d'Artagnan unter ihre Fittiche nahmen, und deren Wahlspruch „Einer für alle, alle für einen". Eine in der Weltliteratur verankerte Formel für ein funktionierendes Netzwerk. Oder kleben Sie ein Post-it mit der Aufschrift: **Geben gibt!** als Merkposten an den

Badezimmerspiegel. Dieser Slogan des Deutschen Engagementpreises ist die kürzeste Zusammenfassung dessen, was starke Netzwerke ausmacht. Solche wünsche ich Ihnen.

Wenn Sie mögen, schreiben Sie mir eine E-Mail an haas@konzept-innovation.de – ich freue mich auf Ihre Erfolgsgeschichten!

Ihre

Martina Haas

Hinweis zu den Interviews

Die Interviews mit Jutta Allmendinger, Albert Darboven, Roland Doschka, Heidi Hetzer, Mercedes Hillen, Dieter Kosslick, Heinrich von Pierer, Michael Rogowski, Kim Wempe und Yu Zhang sind in voller Länge im Erstlingswerk der Autorin „Was Männer tun und Frauen wissen müssen – Erfolg durch Networking", 2007, abgedruckt.

Alle anderen Interviews stehen zur Veröffentlichung an.

Literaturverzeichnis

Berndt, Jon Christoph, Die stärkste Marke sind Sie selbst!: Schärfen Sie Ihr Profil mit Human Branding, 4. Auflage, Kösel-Verlag 2009

Ferrazzi, Keith, Gehe nie alleine essen und andere Geheimnisse rund um Networking und Erfolg, books4success; 2. Auflage, 2009

Haas, Martina, Was Männer tun und Frauen wissen müssen – Erfolg durch Networking, merus verlag, 2007, vergriffen, erscheint 2014 als e-book

Öttl, Christine und Gitte Härter, Networking: Kontakte gekonnt knüpfen, pflegen und nutzen, Hoffmann und Campe 2004

Scheddin, Monika, Erfolgsstrategie Networking. Business-Kontakte knüpfen, organisieren und pflegen, Allitera Verlag 2009

Scherer, Hermann, Wie man Bill Clinton nach Deutschland holt: Networking für Fortgeschrittene, Campus Verlag 2006

Zahlreiche vertiefende Studien und Beispiele aus den USA finden sich bei:

Grant, Adam, Geben und Nehmen. Erfolgreich sein zum Vorteil aller, Droemer HC, 2013

Die Autorin

Martina Haas ist Expertin für Networking und Kommunikation. Sie lebt in Berlin und ist als Vortragsrednerin, Fachmoderatorin und Seminarleiterin im deutschsprachigen Raum tätig. Die gelernte Rechtsanwältin war zehn Jahre in verschiedenen Führungspositionen für einen internationalen Banken- und Immobilienkonzern tätig – u. a. leitet sie die Bereiche Gremienbetreuung sowie Marketing & Unternehmenskommunikation. Sie berät Unternehmen und Organisationen in Kommunikations- und Vernetzungsfragen und coacht Führungskräfte. Ihr von FAZ und NZZ hervorragend rezensierter Karriereleitfaden „Was Männer tun und Frauen wissen müssen – Erfolg durch Networking" erschien 2007.

Sie erreichen Martina Haas via:

info@konzept-innovation.de. und www.martinahaas.de

Impressum:

Verlag C. H. Beck im Internet: www.beck.de
ISBN: 978-3-406-66224-9
© 2014 Verlag C. H. Beck oHG
Wilhelmstraße 9, 80801 München

Lektorat und DTP: Text+Design Jutta Cram, 86157 Augsburg,
www.textplusdesign.de
Umschlaggestaltung: Bureau Parapluie, 85253 Großberghofen
Umschlagbild: © DrAfter123 – istockphoto.com
Druck und Bindung: Beltz Band Langensalza GmbH,
Neustädter Straße 1–4, 99947Bad Langensalza

Gedruckt auf säurefreiem, alterungsbeständigem Papier
(hergestellt aus chlorfrei gebleichtem Zellstoff)